Shivaraj Thapa

# Pagamento por serviços ecossistémicos

Shivaraj Thapa

# Pagamento por serviços ecossistémicos

ScienciaScripts

**Imprint**

Any brand names and product names mentioned in this book are subject to trademark, brand or patent protection and are trademarks or registered trademarks of their respective holders. The use of brand names, product names, common names, trade names, product descriptions etc. even without a particular marking in this work is in no way to be construed to mean that such names may be regarded as unrestricted in respect of trademark and brand protection legislation and could thus be used by anyone.

Cover image: www.ingimage.com

This book is a translation from the original published under ISBN 978-620-2-02452-5.

Publisher:
Sciencia Scripts
is a trademark of
Dodo Books Indian Ocean Ltd. and OmniScriptum S.R.L publishing group

120 High Road, East Finchley, London, N2 9ED, United Kingdom
Str. Armeneasca 28/1, office 1, Chisinau MD-2012, Republic of Moldova, Europe
Printed at: see last page
**ISBN: 978-620-7-76133-3**

# COTAÇÃO

É-me realmente difícil mencionar todos os nomes das muitas pessoas e instituições que me ajudaram de inúmeras formas, disponibilizando o seu inestimável tempo, recursos e conhecimentos, sem os quais a produção deste relatório nesta forma não teria sido possível. Isto não significa, porém, que lhes seja ingrato.

Antes de mais, gostaria de expressar a minha sincera gratidão e profundo apreço ao meu supervisor, o professor Bishnu Hari Wagle, pela sua orientação e valiosas sugestões, comentários e encorajamento desde o início até à conclusão deste relatório. O Sr. Ram Kumar Adhikari, antigo especialista em PES do Programa Hariyo Ban, Pokhara, WWF Nepal, merece um agradecimento sincero e um apreço especial como co-orientador pelas suas críticas construtivas e tempo valioso, com inspiração, encorajamento e esforços contínuos para tornar o meu estudo e relatório estatisticamente sólidos até esta fase final. Gostaria de agradecer ao Programa Hariyo Ban do WWF Nepal por ter concedido a bolsa de investigação, uma vez que fui considerado um candidato carenciado e com potencial.

Estou grata a todos os professores e a toda a equipa do IOF pela ajuda técnica e administrativa na investigação, o que tornou a minha estadia de quatro anos no IOF tão agradável e confortável.

Gostaria também de agradecer ao Sr. Arun Kumar Tiwari, guarda-florestal do Departamento Florestal do distrito de Makawanpur, pelas suas sugestões para melhorar o tema do estudo, e a Mahesh Poudel pelo seu apoio de confiança durante o trabalho de campo e a redação do relatório. Os meus agradecimentos vão para Maya Bhandari, Basanti Baral e Ajani Poudel, que estiveram à minha disposição como contactos locais dos VDCs Dhikurpokhari, Pumdibhumdi e Bhadaure Tamagi.

Além disso, um agradecimento especial aos meus queridos colegas Suman Acharya, Nar bd. Kshetri, Aditya Acharya do Campus de Pokhara e Suman jung Pandey, Shishir Lamsal, Keshev Ghimire, Narayan Ghimire, Bishnu Karki, Basanta Lamsal, Madhuri Khadka e muitos outros do Campus de Hetauda pelo seu apoio e motivação.

Os meus sinceros agradecimentos ao meu irmão mais velho do IOF Hetauda, Sidhanta Baral, pela sua orientação e sugestões ao longo da investigação.

O meu maior apreço e louvor vai para a minha família e para todos os benfeitores que continuam a inspirar-me para realizar investigações relacionadas com o meu nível de conhecimentos.

# Resumo

O turismo é uma das mais importantes fontes de rendimento do vale de Pokhara. O Lago Phewa e a sua bacia hidrográfica na parte ocidental do Nepal prestam vários serviços ecossistémicos. O lago é utilizado para irrigar as terras agrícolas a jusante, apoia a piscicultura e é um centro religioso e recreativo popular para turistas nacionais e estrangeiros. Apesar da grande importância do lago, não é dada suficiente atenção à sua proteção. A dimensão e a capacidade de armazenamento de água do lago estão a diminuir a um ritmo alarmante devido à forte sedimentação proveniente das zonas de captação superiores. Este documento de projeto visa explorar as oportunidades e os desafios do pagamento por serviços ecossistémicos (sistema de retenção de sedimentos) na bacia hidrográfica de Phewa e identificar os serviços ecossistémicos negociáveis, os prestadores de serviços e os beneficiários do atual PES. Também identificou os principais actores, os seus papéis e o mecanismo de financiamento do programa PES de retenção de sedimentos. O estudo baseou-se em fontes secundárias, consultas aos intervenientes, observações no terreno, entrevistas com informadores chave e inquéritos por questionário. [st]Os resultados mostram que entre os vários serviços ecossistémicos, o turismo foi classificado em primeiro lugar e a retenção de sedimentos foi comercializada na bacia hidrográfica do Phewa. Os beneficiários do Lago Phewa (hoteleiros, barqueiros e pescadores) estão dispostos a pagar pela retenção de sedimentos. Em contrapartida, as comunidades da bacia hidrográfica superior estão dispostas a alterar a utilização dos seus campos e florestas em favor da retenção de sedimentos. As partes interessadas mais importantes foram classificadas nos seguintes grupos Agências governamentais, ONGs/INGOs locais, partidos e redes políticas, associações hoteleiras/hoteleiros/operadores turísticos, meios de comunicação e comunidades/grupos de utilizadores, cujo papel potencial se revelou muito eficaz para a implementação do programa PES. Este estudo conclui que o lago Phewa pode ser conservado através da redução da deposição de sedimentos no lago, mediante um mecanismo adequado de PSA entre as comunidades a montante e os beneficiários a jusante. Recomenda um programa de sensibilização para o PSA na bacia hidrográfica do Phewa, uma instituição forte e integrada para o programa PSA e melhores políticas por parte do Governo do Nepal. As medidas recomendadas para as comunidades a montante incluem a estabilização de deslizamentos de terras através de técnicas de bioengenharia, o pastoreio controlado, a construção de armadilhas para sedimentos, a construção de estradas rurais verdes com cultivo prévio do solo, a construção de terraços e a plantação de faixas de árvores perenes.
*Palavras-chave: PSA, turismo, retenção de sedimentos*

# Acrónimos

| | | |
|---|---|---|
| ACA | : | Annapurna Conservation Area |
| ACAP | : | Annapurna Conservation Area Programme |
| CF | : | Community Forest |
| CRP | : | Conservation Reserve Program |
| CFG | : | Community Forestry Guideline |
| CFUGs | : | Community Forest User Groups |
| DADO | : | District Agriculture Development Office |
| DDC | : | District Development Committee |
| DFO | : | District Forest Office |
| DLSO | : | District Livestock Service Office |
| DSCO | : | District Soil Conservation Office |
| EQIP | : | Ecosystem Quality Incentives Program |
| ES | : | Ecosystem Services |
| EMSF | : | Environmental Management Special Fund |
| EU | : | European Union |
| FAO | : | Food and Agriculture Organization |

| ICRAF | : | World Agro forestry Centre |
| INGOs | : | International Non-Governmental Organization |
| IUCN | : | International Union for Nature Conservation |
| KIs | : | Key Informants |
| MEA | : | Millennium Ecosystem Assessment |
| MoFSC | : | Ministry of Forest and Soil |
| MW | : | Megawatt |
| NEA | : | Nepal Electricity Authority |
| NBS | : | Nepal Biodiversity Strategy |
| NRM | : | Natural Resource Management |
| NTNC | : | National trust for Nature Conservation |
| PES | : | Payment for Ecosystem Services |
| PRA | : | Participatory Rural Appraisal |
| REDD | : | Reduced Emission for Deforestation and Degradation |
| RCUP | : | Resource Conservation and Utilization Project |
| RUPES | : | Rewarding the Upland Poor for Environmental Services |
| SPSS | : | Statistical Package for Social Science |
| S.L.C | : | School leaving Certificate |
| SLCP | : | Sloping Land Conservation Program |
| TYIP | : | Three Years Interim Plan |
| USAID | : | United States Agency for International Development |
| VDC | : | Village Development Committee |
| WWF | : | World Wide Fund |

# CAPÍTULO 1 INTRODUÇÃO

## 1.1 Antecedentes da investigação

Os pagamentos por serviços ecosistémicos (PES) têm ganho um interesse crescente como um mecanismo para traduzir valores externos e não mercantis do ambiente em incentivos financeiros reais para os actores locais fornecerem serviços ecosistémicos (ES) (Pagiola et al., 2008). O conceito de PSE baseia-se no pressuposto de que a atribuição de um valor económico aos serviços ecossistémicos e a sua troca num sistema de mercado pode conduzir a resultados ambientais eficientes (Engel et al., 2008; Pagiola et al., 2002; Wunder 2005). Atualmente, no entanto, o conceito de PSA não é apenas utilizado para descrever estas abordagens puramente baseadas no mercado (Wunder et al., 2008). Em vez disso, é cada vez mais utilizado para se referir a uma vasta gama de programas que fornecem incentivos directos (tanto económicos como materiais) aos gestores de recursos (Corbera et al., 2007; McAfee e Shapiro, Swallow et al., 2007). Atualmente, as organizações de desenvolvimento utilizam cada vez mais estes sistemas como uma ferramenta para promover os objectivos gémeos da conservação e do desenvolvimento. O conceito de PSE pressupõe que pode funcionar com outras instituições de gestão de recursos existentes para promover uma melhor gestão dos recursos e programas de melhoria dos meios de subsistência (Matta e Kerr, 2006; Neef e Thomas, 2009; Smith e Scherr, 2002). Assim, os PSE não são uma panaceia que pode ser utilizada para resolver qualquer problema ambiental, mas um instrumento adaptado para resolver um problema específico (Pagiola et al., 2008).

O SPE é visto como uma fonte alternativa de financiamento de programas de conservação nos países em desenvolvimento. Estas tendências internacionais podem também ser observadas no Nepal, o foco geográfico do presente estudo. No Nepal, o conceito de PSA foi introduzido em 2003 como projeto-piloto do Centro Agroflorestal Mundial (ICRAF) para compensar e recompensar as comunidades a montante da bacia hidrográfica de Kulekhani (Khatri, 2009). Posteriormente, foram introduzidos no Nepal vários outros sistemas de PSE ou semelhantes, incluindo pagamentos pela retenção de sedimentos na bacia hidrográfica de Phewa. O principal objetivo do programa PSA para a retenção de sedimentos na bacia hidrográfica do Phewa é assegurar os meios de subsistência das comunidades a montante, garantindo práticas de utilização dos solos favoráveis à conservação e reduzindo a sedimentação.

O lago Phewa é a mais importante atração turística do vale de Pokhara. Milhares de turistas nacionais e estrangeiros visitam este lago todos os anos. O lago é uma importante fonte de subsistência para as comunidades locais. Os serviços ecossistémicos prestados pelo lago estão estimados em mais de 43 milhões de dólares por ano, dos quais o turismo e o lazer representam cerca de 95% (Kanel, 2010). Mesmo esta estimativa é considerada conservadora, uma vez que muitos serviços de regulação não foram tidos em conta. No entanto, o Lago Phewa está sujeito a degradação devido a vários problemas, como assoreamento, sedimentação, resíduos directos, eliminação de esgotos, expansão urbana e eutrofização. Os serviços ecossistémicos do lago estão ameaçados, o que tem um impacto direto nos meios de subsistência das famílias dependentes do lago. Esta investigação, com base nos conhecimentos sobre SPE, visa compreender de que forma os objectivos gémeos da conservação dos ecossistemas e do desenvolvimento rural foram postos em prática.

## 1.2 Definição e conceito dePES

Os PSE são um método de internalização das externalidades positivas associadas a um determinado ecossistema. Os PSE funcionam de acordo com a lógica do "mercado livre", que afirma que o comportamento racional dos compradores e vendedores no ambiente de mercado conduz a resultados eficientes de gestão dos ecossistemas ou dos recursos quando é atribuído um valor económico aos serviços ecossistémicos e são atribuídos direitos de propriedade (Engel et al., 2008; Wunder, 2005).

Os PSE referem-se a uma variedade de acordos através dos quais os beneficiários dos SE remuneram o prestador destes serviços para assegurar a sua sustentabilidade e a sua prestação atempada (WWF, 2007). O PSA é uma transferência de recursos entre actores sociais que visa criar incentivos para alinhar as decisões individuais e/ou colectivas de uso da terra com o interesse da sociedade na gestão dos recursos naturais (Muradian et al., 2010). O conceito gira em torno de esquemas de apoio financeiro que visam conservar os serviços ecossistémicos, fornecendo um incentivo económico àqueles que contribuem para a conservação de determinados recursos, o que é feito principalmente através da gestão dos serviços ecossistémicos para a adoção de práticas de uso da terra e da promoção da proteção e conservação dos ecossistemas (Khanal e Poudel, 2012).

O PES é um mecanismo inovador baseado no mercado e assente em dois princípios: Aqueles que se beneficiam dos serviços ecossistémicos devem pagar aqueles que fornecem os serviços ecossistémicos (Banco Mundial, 2007). De acordo com Wunder (2014), um sistema PES deve ter pelo menos os seguintes cinco componentes ou elementos básicos, incluindo:

(1)  Transacções voluntárias

(2)  Entre utilizadores de serviços

(3)  E prestadores de serviços

(4)  ligados a regras acordadas para a gestão dos recursos naturais

O estudo adopta uma definição diferente e define os SPE no contexto do Nepal como "um mecanismo que proporciona um incentivo económico entre os beneficiários e os prestadores de serviços para garantir uma prestação de serviços sustentável".

Na prática, existem três tipos de programas de PSE: Regime de PSE público, regime de PSE de cap-and-trade e regime de PSE privado (IUCN, 2009). Destes, os programas PSA públicos e privados são mais viáveis e realistas na prática. Nos regimes públicos de PSE, as agências governamentais ou outros parceiros de desenvolvimento são os compradores com uma forte ligação jurídica à bacia hidrográfica ou ao nível provincial, enquanto nos regimes privados de PSE, uma empresa ou organização privada é o prestador de serviços ou comprador e a agência governamental é uma agência intermediária ao nível da bacia hidrográfica ou da sub-bacia hidrográfica. Todos os programas têm por objetivo proporcionar incentivos e benefícios às pessoas para que utilizem os serviços ambientais em benefício da comunidade (Karky e Joshi, 2009).

Os pagamentos por serviços ambientais (PSA) são uma abordagem de mercado à conservação da natureza, baseada nos princípios de que aqueles que beneficiam dos serviços ambientais devem pagar por eles e de que aqueles que prestam esses serviços devem ser compensados por os prestarem. Em termos concretos, isto significa que os beneficiários dos serviços ambientais efectuam pagamentos ou atribuem outras recompensas não financeiras àqueles que asseguram a prestação desses serviços. Estes serviços ambientais são benefícios não materiais e não extractivos dos recursos naturais, como a proteção das bacias hidrográficas e o sequestro de carbono (Chalise, 2008).

A abordagem PES é atractiva na medida em que (i) gera novos financiamentos que, de outra forma, estariam disponíveis para a conservação; (ii) é suscetível de ser sustentável, na medida em que depende do interesse mútuo dos utilizadores e prestadores de serviços e não dos caprichos do governo ou dos doadores; e (iii) é suscetível de ser eficiente, na medida em que recebe serviços cujos benefícios excedem os custos da sua prestação, e não recebe serviços quando o contrário é verdadeiro.

Um programa SPE realista deve ter em conta os factores ambientais e económicos necessários e viáveis para melhorar ou manter eficazmente os resultados de um SE. Do ponto de vista ambiental, um programa PSA realista exige que tenha sido estabelecida uma relação clara entre a alteração do uso do solo que constitui a base do programa de pagamentos e os resultados propostos para os SE. Do ponto de vista económico, é importante que o regime se baseie numa compreensão dos custos e benefícios económicos decorrentes dos vários custos de aplicação das medidas de conservação, dos custos de oportunidade das utilizações alternativas do solo e dos recursos a que se renunciou em resultado das medidas de conservação e dos custos de transação, financeiros e outros custos associados à aplicação de um regime de PSE (Chalise, 2008).

O PSA é um mecanismo inovador de financiamento da conservação que visa atingir o duplo objetivo de proteção ambiental e de redução da pobreza e é amplamente utilizado nos países em desenvolvimento (Poudel, 2010). Wunder (2005) identificou quatro tipos de PSE que se destacam atualmente:

- Sequestro e armazenamento de carbono (as empresas de eletricidade pagam aos agricultores para plantarem e manterem árvores adicionais),

- Proteção da biodiversidade (os doadores de conservação pagam à população local pela demarcação ou recuperação natural de áreas para criar um corredor biológico),

- proteção das bacias hidrográficas (os utilizadores de água a jusante pagam aos agricultores a montante pela utilização de terras que limitam a desflorestação, a erosão e os riscos de inundação), e

- Beleza da paisagem (um operador turístico paga a uma comunidade local para não caçar numa floresta que é utilizada pelos turistas para observar a vida selvagem).

Dado que o conceito de PSE é novo, trata-se de uma questão premente para o Nepal, mas muitas partes interessadas, prestadores de serviços e beneficiários não têm conhecimento dele. É imperativo reforçar as capacidades das organizações e dos decisores políticos interessados. Além disso, a sensibilização das comunidades locais é igualmente importante.No Nepal, o conceito de PSE foi introduzido em 2003 como um projeto-piloto do Centro Agroflorestal Mundial (ICRAF) para compensar e recompensar as comunidades a montante da bacia hidrográfica de Kulekhani (Khatri, 2009). Foi considerado como uma fonte adicional de fundos para a execução de programas de gestão de bacias hidrográficas na zona e destina-se a promover tanto a proteção ambiental como a melhoria das condições de vida a nível local (Adhikari, 2009 e Upadhyaya, 2005).

## 1.3 Razões para a realização do estudo

A gestão dos serviços ecosistémicos é uma tarefa difícil porque envolve tanto aspectos técnicos como sociais. Portanto, atribuir um valor apropriado aos serviços ecosistémicos nunca é uma tarefa fácil. Os planeadores de gestão há muito que usam abordagens que incorporam o aspeto técnico para promover os serviços ecosistémicos. Nas últimas décadas, porém, os instrumentos económicos para a gestão sustentável dos serviços ecosistémicos têm sido amplamente utilizados nos países industrializados. Contudo, nos países em desenvolvimento, incluindo o Nepal, estas práticas quase não têm sido aplicadas.Especialmente em países em desenvolvimento como o Nepal, onde o governo não é capaz de apoiar plenamente a gestão dos serviços ecossistémicos, é muito importante conhecer a vontade das pessoas para uma melhor gestão. É imperativo que os SPE sejam plenamente compreendidos e que os seus progamas sejam implementados.

Os PSE criam recursos económicos que podem reforçar as actividades de gestão e dissipar a noção enganadora de recursos de propriedade comum, estabelecendo um custo específico para o serviço ecosistémico em vez de o fornecer como um dado adquirido (Niraula, 2007).Este estudo tentará explorar as oportunidades e os desafios do PES na bacia hidrográfica de Phewa, no Nepal, uma vez que esta é uma bacia hidrográfica importante no Nepal e que este estudo será um novo estudo do género nesta área. Não há dúvida de que os resultados deste estudo ajudarão os responsáveis pelo planeamento da gestão, por um lado, e, por outro, constituirão uma base para outros estudos semelhantes. Poderá haver muitas oportunidades de PSA que devem ser exploradas para informar as pessoas sobre os programas de PSA. Por conseguinte, este estudo explorará as oportunidades e os desafios do programa PSA na bacia hidrográfica do Phewa, o que será muito útil para o processo de elaboração de políticas, bem como para uma implementação bem sucedida do PSA noutras bacias hidrográficas.

## 1.4 Objectivos

O objetivo geral do estudo era investigar as oportunidades e desafios do pagamento pelos serviços ecosistémicos na bacia hidrográfica do Phewa. Os objectivos específicos do estudo foram:

- Identificação de serviços ecosistémicos transaccionáveis na área de captação do Phewa
- Identificação dos fornecedores, compradores e intermediários de serviços ecossistémicos no âmbito do programa PES para a retenção de sedimentos
- Identificação do mecanismo de financiamento do programa PES para a retenção de sedimentos
- Identificação dos principais actores dos SE prioritários e do seu papel na conservação, gestão e/ou recuperação dos SE

## 1.5 Restrições

- Uma vez que os serviços públicos de emprego são um conceito relativamente novo no mundo e no Nepal, existem apenas referências limitadas.
- Esta investigação serve para o cumprimento parcial do grau de bacharel; por conseguinte, o tempo e os recursos são os principais condicionalismos.
- Este estudo centra-se apenas na bacia hidrográfica do Phewa, pelo que as constatações e conclusões aqui apresentadas não são necessariamente transferíveis para outros locais.

## CAPÍTULO 2 : REVISÃO DA LITERATURA
### 2.1 Serviços ecossistémicos

Um ecossistema é o nível mais básico de uma entidade natural definida por uma rede de interacções entre componentes bióticos (flora, fauna e microrganismos) e abióticos (ambiente físico) ligados pelo ciclo de nutrientes e fluxos de energia. Os ecossistemas que funcionam corretamente prestam uma série de serviços, tais como fluxos de água constantes e limpos, solos produtivos, condições meteorológicas relativamente previsíveis e vários outros serviços que são importantes para o bem-estar humano e que são referidos como serviços ecossistémicos (SE) (Forest Trends, Katoomba Group e PNUA, 2008). Os ecossistemas prestam uma vasta gama de serviços directos e indirectos à sociedade. A Avaliação Ecossistémica do Milénio (MEA), 2005, identificou 24 grandes categorias de serviços ecossistémicos, tais como alimentos, fibras, regulação do clima, turismo, conservação dos solos, proteção da paisagem, beleza, etc. De acordo com a Avaliação Ecossistémica do Milénio, os serviços ecossistémicos são "os serviços prestados pelos ecossistemas, incluindo os serviços de aprovisionamento, de regulação, culturais e de apoio" (MEA, 2005).

- Serviços de abastecimento (incluindo fibras alimentares e lenha)

- Serviços de regulação (os benefícios resultantes da regulação dos processos ecosistémicos)

- Benefícios culturais (os benefícios não materiais que as pessoas obtêm dos ecossistemas através do enriquecimento espacial, do desenvolvimento cognitivo, da reflexão, da recreação e das experiências estéticas que afectam diretamente as pessoas) e

- Serviços de apoio (formação do solo, fotossíntese, produção primária, ciclo dos nutrientes e ciclo da água)

Uma razão pela qual alguns observadores dos SPE preferem o termo "serviços ecossistémicos" é o facto de ter sido popularizado pela famosa Avaliação do Sistema Ecológico do Milénio (AEM) (por exemplo, Shelley, 2011). No entanto, a AEM causou alguma confusão ao rotular os produtos materiais como os chamados "serviços de aprovisionamento", embora sejam totalmente diferentes dos serviços genuínos devido à sua natureza de produto (tangibilidade, divisibilidade, excludibilidade, benefícios internalizados) (Buyers, 2008). Por conseguinte, é impensável conceber PSA para 'serviços de aprovisionamento', uma vez que os proprietários de terras têm pleno controlo sobre os benefícios colhidos e podem geralmente pagar diretamente pela sua utilização (Wunder, 2014). Seguindo a lógica do MEA, talvez devêssemos antes falar de "pagamentos por serviços de regulação" (sequestro de carbono, purificação da água, etc.), onde se concentra a maioria das externalidades. No entanto, alguns "serviços culturais" também podem ser recompensados através de PSE (p. ex.

## 2.2 Os SPE num contexto mundial

O conceito de PSE foi desenvolvido na década de 1990. A Costa Rica é um líder mundial na implementação de um programa nacional de pagamentos por serviços ecossistémicos. Outros países em desenvolvimento, como o México, a China, as Filipinas, a Indonésia e a Índia, também beneficiam de programas de PSE (Ojha et al., 2009). A Costa Rica desenvolveu um programa PES sofisticado em 1997, consagrando o PES na Lei Florestal n.º 7575, que reconheceu quatro serviços ecossistémicos: Mitigação das alterações climáticas, conservação da biodiversidade, proteção das bacias hidrográficas e beleza paisagística, e que forneceu a base jurídica para contratos com proprietários de terras pelos serviços prestados pelas suas terras. O Banco Mundial apoiou o programa PES do país com um empréstimo de 32,5 milhões de dólares e uma subvenção de 8 milhões de dólares do Fundo Mundial para o Ambiente (GEF) para promover a conservação da biodiversidade. Ao abrigo da Lei Florestal de 1996, os utilizadores das terras podem receber pagamentos por serviços prestados pelo sector florestal, por exemplo, para reduzir as emissões de gases com efeito de estufa, proteger as bacias hidrográficas e a biodiversidade e preservar a beleza paisagística. Na Colômbia, a associação de irrigação e as autoridades governamentais pagam aos proprietários florestais a montante do rio Cauca uma compensação pela melhoria do nível do lençol freático e pela redução da sedimentação nos canais de irrigação, com os membros da associação a pagarem voluntariamente uma taxa de utilização da água de 1,5 a 2 USD por litro, para além da taxa de acesso à água existente de 0,5 USD por litro (Forest Treands, katoomba Group e PNUA, 2008). No México, o município de Coastepec, no estado de Veracruz, propôs um pagamento adicional voluntário de dois pesos nas facturas de água dos consumidores para financiar a conservação da água na bacia hidrográfica superior (Pagiola, 2002). No cenário pós-Protocolo de Quioto, os programas "cap and trade", como o "Redução das Emissões por Desflorestação e Degradação" (REDD), estão a ser discutidos como um possível instrumento para a conceção de sistemas internacionais de PSA.

Do mesmo modo, existem vários estudos de casos de programas de PSA financiados pelos utilizadores e financiados pelo Estado, tanto em países desenvolvidos como em países em desenvolvimento. Os casos estudados incluem, em particular, três programas financiados pelos utilizadores: Pagamentos por Serviços de Bacias Hidrográficas em Pimampiro, Equador (Wunder e Alban, 2008); Pagamentos Combinados por Serviços de Bacias Hidrográficas e Biodiversidade em Los Negros, Bolívia; e Pagamentos por Sequestro de Carbono no Equador (Wunder e Alban, 2008). Os programas financiados pelo sector público que foram analisados incluem o Programa de Conservação de Terras Inclinadas (SLCP) na China Bennett, o estado indiano de Haryana e a bacia hidrográfica de Bhoj, Madhya Pradesh, um mecanismo de pagamento baseado na comunidade rural para serviços hídricos na bacia hidrográfica de Kuhan, Índia (Ojha et al, 2009), o programa de Pagamento por Serviços Ecossistémicos (PSA) na Costa Rica (Pagiola, 2008); o programa de Pagamento por Serviços Ambientais Hidrológicos (PSAH) no México (Munoz et al., 2008); o programa Working for Water (WFW) na África do Sul (Turpie et al., 2008); o Programa de Reserva de Conservação (CRP) e o Programa de Incentivos à Qualidade dos Ecossistemas (EQIP) nos EUA (Claassen et al., 2008). Atualmente, existe um número crescente de publicações que apresentam casos e exemplos da aplicação de PSA em todo o mundo (Landell-Mills & Porras, 2002; Pagiola, 2002). Foram documentadas experiências semelhantes nas Filipinas (Padilla et al., 2005).

## 2.3 PSA para serviços em zonas de captação de água

Em muitos países do mundo estão a ser introduzidos vários sistemas de cobrança de taxas para financiar a proteção das bacias hidrográficas. Alguns exemplos são: No vale do Cauca, na Colômbia, os agricultores a jusante pagaram taxas de água adicionais para a proteção das bacias hidrográficas, a fim de garantir um caudal mínimo de água durante a estação seca (Echavarria, 2002).

Há mais de 100 anos que o Japão tem vindo a cobrar aos utilizadores de água uma compensação aos proprietários de terras a montante (Richards, 2000). Entre os exemplos contam-se uma empresa de água bem conhecida (Vittel) que inicialmente adquiriu terras agrícolas a montante e mais tarde as incentivou sob a forma de PSA.

No Equador, as empresas hidroeléctricas pagam a um fundo chamado FONAFIFA para compensar os proprietários de terras nas bacias hidrográficas pela utilização da terra. Na Colômbia, grupos de empresas de irrigação pagam aos proprietários de terras a montante para controlar a erosão em nascentes e cursos de água (Ferraro, 2009).

## 2.4 Iniciativas de PSE no contexto nepalês

No Nepal, o conceito de PSE foi introduzido em 2003 como um projeto-piloto do Centro Agroflorestal Mundial ou do ICRAF para compensar e recompensar as comunidades a montante da bacia hidrográfica de Kulekhani. Foi considerado como uma fonte adicional de fundos para a execução de programas de gestão das bacias hidrográficas na zona e para promover a conservação dos ecossistemas e a melhoria dos meios de subsistência a nível local (Upadhyaya, 2005; Adhikari, 2009 e Khatri, 2009). O Parque Nacional de Shivapuri fornece água para mais de 4 000 hectares de explorações agrícolas, água potável para cerca de 33,3 milhões de metros cúbicos de água por ano e eletricidade para cerca de 4 231 000 quilowatts-hora de eletricidade por ano. Atualmente, o valor acrescentado financeiro das várias utilizações da água totaliza NPR 306 milhões ou cerca de USD 7,65 milhões por ano (Karna, 2008). Um estudo de viabilidade realizado em 2011 pela Forest Action e pelo ICIMOD estimou o valor dos serviços hídricos na bacia hidrográfica de Sundarijal (todas as receitas menos o custo da distribuição da água e da produção de eletricidade) em 870 dólares americanos por hectare e por ano (ICIMOD, 2011). Do mesmo modo, um estudo de avaliação económica salientou a importância dos recursos das colinas de Churia para as comunidades locais e a importância das bacias hidrográficas de Churia para os benefícios hidrológicos para as pessoas a jusante, gerando informações de base muito necessárias para a criação de programas de PSE (Kunwar, 2008). Em 2008, um total de 75.925 turistas visitaram a Área de Conservação de Annapurna (ACA), o que gerou NRs 130.000.000 (1,7 milhões de dólares), que foram gastos na atribuição de bolsas de estudo a estudantes de famílias pobres, na educação da população local, na distribuição de painéis solares, na instalação de centrais micro-hidroeléctricas e no desenvolvimento de infra-estruturas; isto é fundamental para uma conservação eficaz (NTNC-ACAP, 2007). No distrito de Saptari, os CFUGs de Basantpur e Majhau conseguiram desenvolver boas ligações entre os utilizadores a montante e a jusante. Os utilizadores a jusante, que vivem longe das colinas de Churia, reconheceram a contribuição dos CFUGs para a proteção das suas valiosas terras agrícolas. O projeto visa proteger as zonas das inundações e do assoreamento através da conservação dos recursos florestais das colinas de Churia. Como compromisso, os utilizadores a jusante concordaram em sensibilizar as suas comunidades para controlar os madeireiros ilegais que roubavam madeira e outros produtos florestais das colinas de Churia (Mahaijan, 2001). Do mesmo modo, o famoso CFUG de Baghmara do distrito de Chitwan obteve um rendimento anual de mais de NRs 100.000 do ecoturismo recentemente introduzido no seu CF. Apesar destes exemplos encorajadores, os pagamentos por serviços ecosistémicos são ainda uma parte negligenciada das iniciativas de silvicultura comunitária. Se forem reconhecidos, podem gerar recursos financeiros para melhorar os meios de subsistência das mulheres, dos utilizadores pobres e marginalizados (Maharjan, 2004).

## 2.5 . Condições-quadro políticas e jurídicas importantes para os SPE no Nepal



*Quadro 1: Condições-quadro políticas e jurídicas importantes para os SPE no Nepal*

| Year | Policy Strategy | Related Provisions | PES Case |
|---|---|---|---|
| 1973 | National Park and Wildlife Conservation Act, 2029 | It provides power to declare buffer zone (BZ) around the national park and wildlife reserves. The Act allows funneling back 30-50% of park and reserves revenue for the community development activities in the BZ. | Case # 3: Incentivizing BZ communities (government-communities PES-type mechanism) |
| 1996 | Bufferzone Management Regulation, 2052 | It is facilitates public participation in the conservation design and management of buffer zones and provides guidelines to manage 30-50% of park generated revenue with the communities in the buffer zone. | Case # 8: Shivspuri Nagarjun National Park, Kathmandu. |
| 1993 | Electricity Act 2049 | It has stated that during the construction and operation of hydropower station, environment and watershed areas should be protected. This Act provisions that 10% of the revenue generated by hydropower needs to be ploughed back to the concerned district developments. | Case # 1: Kulekhani hydropower, Makwanpur District. |
| 1993 | Forest Act, 2049 | The forest Act, 1993 accounts for all forest values, including environmental services and biodiversity, as well as production in decision making and sharing of benefits in terms of forest resources. | Case # 4: Haldekhal irrigation Kanchanpur, District. |
| 1999 | Local Self Governance Act, 2055 | It provides immense autonomy to the District Development and Village. Development Committees (VDCs). Section 55 empowers VDC to levy taxes on utilization of natural resources. Similarly, Section 189 sanctions the DDC for formulation of and implementation of plans for conservation and utilization of forest, vegetation, biological diversity and soil. | Case # 1: Kulekhani, hydropower, Makwanpur District. Case # 10: Sardu Khola Watershed Management. Case # 7: Conserving Rupa Lake, Kaski District. |
| 2000 | Revised Forestry Sector Policy | It introduced a new concept in managing the forests of the Terai, Churia and inner Terai named collaboration forest management | Case # 5: Mohana Kailali Corridor. |

| | | (CFM). 50% of the income from CFM will be provided to local communities and local governments. | |
|---|---|---|---|
| 2007 | National Water Plan ( 2007-2027) | This support Churia conservation program for ecological services down to Terai irrigation. | Case # 9: Central Terai PES |
| 2009 | Tourism Policy | It states that certain proportion of income from village tourism will be utilized in tourism infrastructure development and environmental conservation. | Case # 3: Incentivizing buffer zone communities. Case # 8: Shivapuri Nagarjun National Park, Kathmandu District. |
| 2009 | Working Policy on Construction and Operation of Development Projects in Protected Areas. | It highlights that 10% of the government royalty earned from electricity generated there of shall be deposited by the hydropower owner to the concerned protected area for environmental conservation and community development. | Case # 3: Incentivizing buffer zone communities. Case # 8: Shivapuri Nagarjun National Park, Kathmandu District. |
| 2010 | Three Years Interim Plan's Approach Paper (2010-2012) | It provisions that 35% of the income of community based resources management models will be returned back to local communities for their livelihood. It state that that a trust fund will be created from private contribution to be used for the development of forest-based enterprises. | Overall development policy. |

Nota: O Nepal segue a era Bikram Sambat (BS) como calendário oficial, que está 57 anos à frente da Era Comum (AD).

Adaptado de Bhatta etal., 2014

## 2.6 . Práticas e programas semelhantes aos SPE no Nepal

No Nepal e nalguns países vizinhos, existem vários exemplos de sistemas do tipo PSE que redistribuem recursos financeiros às comunidades locais. Estes sistemas não mercantis, baseados na oferta e na procura (Wunder et al., 2005) incentivam as comunidades locais a conservar o capital natural através de mecanismos institucionais estabelecidos e de dinheiro (ou outras formas de incentivo), como os projectos de desenvolvimento.

*Quadro 2: Lista dos mecanismos de tipo PES investigados neste estudo*

| S.N. | PES-type schemes and location | Ecosystem services |
|---|---|---|
| 1 | Kulekhani hydropower, Makwanpur District | Water for hydropower |
| 2 | Dhulikhel water supply scheme, Dhulikhel municipality | Drinking water |
| 3 | Buffer zone management surrounding protected area, National | Biodiversity |
| 4 | Haldekhal irrigation scheme, Kanchanpur District | Irrigation water |
| 5 | Mohana Kailali forest corridor conservation, Kailali District | Biodiversity and forest corridor |
| 6 | REDD pilots in three selected watershed in Gorkha, Chitwan and Dolakha Districts | REDD pilots in three selected watershed in Gorkha, Chitwan and Dolakha Districts |
| 7 | Conserving Rupa Lake for water as ecosystem services, Kaski District | Water |
| 8 | Nagarjun-Shivapuri National Park, Kathmandu District | Water to Kathmandu city and other aassociated services |
| 9 | Central Terai PES case (Simara underground water, Bara District and Pithuwa Jutpani water supply, Chitwan District. | Water for industrial use and drinking water. |
| 10 | Shardu Khola watershed management, Dharan municipality, Sunsari District | Drinking water |

Adaptado de Bhatta etal., 2014

## 2.7 PSA e redução da pobreza

No passado, os serviços públicos de emprego não eram realmente conceptualizados como uma abordagem para a redução da pobreza (Pagiola et al., 2005). Provavelmente, muitos outros autores também sublinharam que a pobreza não deve ser considerada como um objetivo principal na implementação se isso levar a uma perda de eficiência na conservação (por exemplo, Wunder, 2005). No entanto, alguns autores defendem que a conservação e a pobreza estão muitas vezes indissociavelmente ligadas e que é importante que as comunidades pobres sejam envolvidas nos programas de PSE e na sua conceção (Leimona e Lee, 2008). Mayrand e Paquin (2004) afirmam que a exclusão das comunidades pobres da conceção dos programas pode levar à ineficácia ou ao fracasso, porque as pessoas de fora têm ideias erradas sobre as condições e necessidades locais.

Mais recentemente, foi promovido o potencial dos PSA a favor dos pobres para reduzir a pobreza e conservar a natureza (por exemplo, Leimona e Lee, 2008). Os PSA a favor dos pobres são descritos por Pagiola (2007) como PSA "que maximizam os seus potenciais

impactos positivos e minimizam os seus potenciais impactos negativos sobre os pobres".
Grande parte da literatura aponta para potenciais benefícios para as pessoas pobres, mas
é necessária mais investigação sobre o impacto dos SPE no bem-estar das pessoas.

## 2.8 . PES no lago Phewa

Desde agosto de 2013, o Programa Hariyo Ban tem vindo a implementar um projeto-
piloto de Pagamento por Serviços Ecossistémicos (PES) na bacia hidrográfica do Phewa.
Como parte deste programa PES, os empresários do sector do turismo e outros grupos de
interesse devem oferecer às comunidades a montante incentivos financeiros para a
retenção de sedimentos. Para atingir este objetivo, foi primeiro realizado um estudo de
viabilidade e, em seguida, foi desenvolvido um plano de implementação e monitorização.
Além disso, foi organizada uma série de workshops de consulta e reuniões com as partes
interessadas.

Sob a presidência do Comité de Desenvolvimento Distrital (CDD), foi criado o Conselho
de Gestão do Ecossistema da Bacia Hidrográfica de Phewa, com representação de
empresários do sector do turismo, comunidades a montante e organizações
governamentais e não governamentais relevantes. Este conselho facilita todo o processo
de implementação do PSA. Foram formados três comités no âmbito deste conselho: o
Comité de Gestão, que toma decisões rápidas, o Comité de Execução, que realiza
actividades no terreno, e o Comité de Acompanhamento e Avaliação, que ajuda a medir
o desempenho do programa PES.

Dado que os organismos institucionais acima referidos são fóruns não registados, foi
registado junto do DDC em Kaski um comité de utilizadores denominado Comité de
Utilizadores da Gestão Ecossistémica da Bacia Hidrográfica de Phewa para realizar
transacções financeiras de forma legítima e transparente. Este comité de utilizadores é
composto por representantes dos fornecedores de serviços ecossistémicos (comunidades
a montante) e dos beneficiários dos serviços (operadores turísticos) e constitui uma
unidade importante do mecanismo de financiamento do PSE. Para as intervenções PSA
no terreno, os sítios prioritários, as actividades e o processo de execução foram
identificados em consulta com o Conselho de Administração, o Comité de Gestão, o
Comité de Execução e a população local.

O desenvolvimento de um sistema de monitorização do desempenho é tão importante
como a criação de uma estrutura institucional e de um mecanismo de financiamento para
ter um sistema de PES eficiente e dinâmico. O sistema de PSA da bacia hidrográfica de
Phewa terá um comité de monitorização e avaliação para desenvolver e defender a
implementação de um sistema de monitorização do desempenho do PSA.

# CAPÍTULO 3: ÁREA DE ESTUDO

## 3.1. Critérios de seleção da zona de estudo

O Lago Phewa, no distrito de Kaski, foi selecionado para o estudo porque é um dos locais mais importantes da região húmida de baixa montanha que foi desenvolvido para o turismo. Assegura a subsistência da população. A zona é também importante do ponto de vista da pesca e da observação de aves. Já foram realizados vários tipos de actividades de investigação de PSE nesta área e os mecanismos de conservação para recompensar os prestadores de serviços estão generalizados nesta bacia hidrográfica.

## 3.2. Descrição da zona de estudo

O lago Phewa, o segundo maior lago do país e o maior lago do vale de Pokhara, no coração da cidade de Pokhara, contribui para a subsistência de várias formas. O lago é utilizado de muitas formas, incluindo para turismo, produção de energia hidroelétrica, irrigação, pesca e passeios de barco. Pokhara é o segundo destino turístico mais popular depois de Katmandu, com cerca de 300 000 turistas a visitarem-no todos os anos. [0 000]A bacia hidrográfica do lago Phewa está localizada no canto sudoeste do vale de Pokhara (28 7' de latitude norte a 28 12' de longitude norte e 84 5' de longitude leste a 84 10' de longitude leste), que se situa numa zona de subsidência relativa entre os Grandes Himalaias e as montanhas Mahabharat. Esta bacia hidrográfica abrange a totalidade ou parte de 4 VDC (KaskiKot, Dhikurpokhari, Bhadaure Tamagi, Chapakot) e a parte sudoeste do município de Pokhara, o distrito n.º 6 (Lakeside), o distrito n.º 25 (Pumdi Bhumdi) e o distrito n.º 26 (Sarangkot) de Kaski. [2]Cobre uma área de cerca de 123 *km* e o comprimento e a largura da bacia hidrográfica orientada este-oeste são de cerca de 17 e 7 km, respetivamente. [2]A superfície do lago Phewa é de 4,43 *km* e a profundidade varia entre 8,6 e 19 metros. A altitude da bacia hidrográfica varia entre a parte inferior do lago (793 m) e a parte superior (2508 m). A precipitação média anual na área de estudo nos últimos 10 anos, de 2004 a 2014, é de 4325,75 mm. Mais de 80 % da precipitação anual ocorre durante a estação das monções, nos meses de junho a setembro. Os meses de outubro a maio são geralmente uma estação muito seca. A área de estudo representa a região montanhosa do Nepal. O lago Phewa, que tem imensos valores socioeconómicos, científicos e culturais, é um ecossistema ameaçado devido à sedimentação, à eutrofização e ao desenvolvimento excessivo e é um caso de lago perturbado que necessita de uma gestão urgente. A redução da área e da profundidade do lago devido à sedimentação é um dos principais problemas do lago Phewa devido à má gestão da zona a montante. A área de estudo tem uma colonização dispersa com diferentes castas.

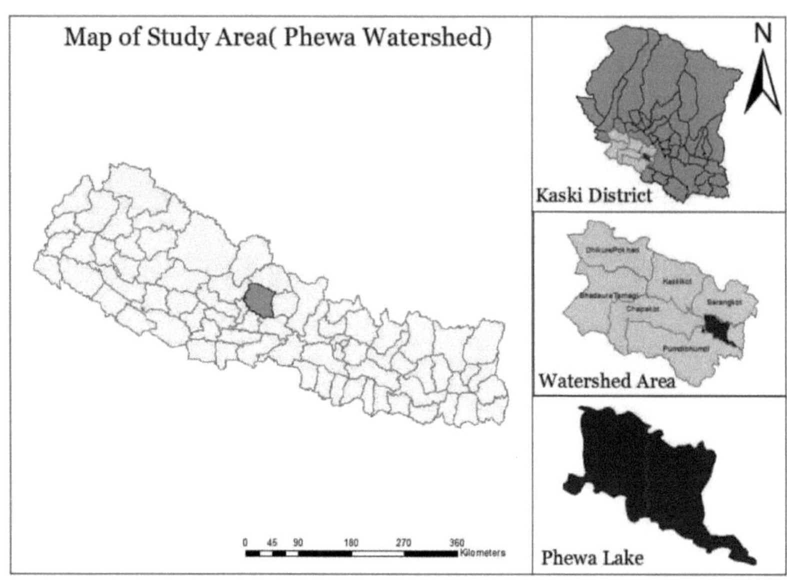


Figura 1: Mapa da zona de estudo

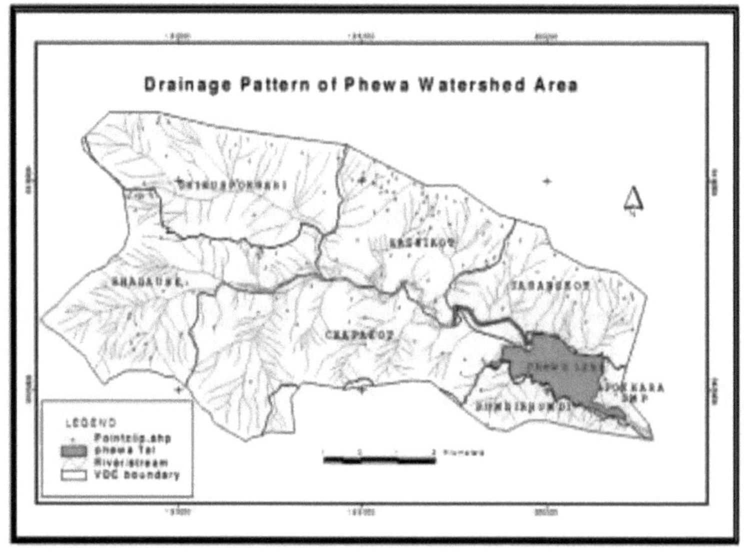


*Fieri ire 2- Drainacre aattem af stud) area*

Da área total de 123 quilómetros quadrados da bacia hidrográfica do Phewa, 44% são florestas e matagais, 44,5% terras agrícolas, 4% lagos, 2% pântanos e rios/correntes e 1% outros (Quadro 3). O Quadro 3 mostra a alteração do uso do solo na bacia hidrográfica do Phewa, em que a área florestal, incluindo terrenos florestais privados, aumentou 11,75% e a área construída, incluindo estradas e edifícios, aumentou 219,4% em comparação com 1995-2010. Outros usos do solo, como matagal/pousio, massas de água, prados e zonas húmidas, diminuíram durante este período (Subedi, 2013).

*Quadro 3: Alteração da utilização do solo na bacia hidrográfica de Phewa*

| Landuse Types | 1995 | | 2010 | | Change | |
|---|---|---|---|---|---|---|
| | (Ha) | Percent | (Ha) | Percent | Area (Ha) | Percent |
| Forest | 4724.19 | 39.4 | 5279.4 | 44 | 555.21 | 11.75 |
| Bush/Barren land | 239.31 | 2 | 122.04 | 1 | 117.27 | -49 |
| Agriculture | 5831.19 | 48.6 | 5339.08 | 44.5 | 492.11 | -8.44 |
| Water body | 557.64 | 4.7 | 493.37 | 4.1 | 64.27 | -11.53 |
| Wetland | 133.29 | 1.1 | 87.12 | 0.7 | 46.17 | -34.64 |
| Grassland | 132.66 | 1.1 | 25.83 | 0.2 | 106.83 | -80.53 |
| Sandy land | 204.75 | 1.7 | 110.88 | 0.9 | 93.87 | -45.85 |
| Built-up area | 166.5 | 1.4 | 531.81 | 4.4 | 365.31 | 219.41 |
| Total | 11989.5 | 100 | 11989.5 | 100 | | |

Source: Subedi, 2013

# CAPÍTULO 4: MÉTODO DE INVESTIGAÇÃO

## 4.1 . Recolha de dados

O principal objetivo deste estudo foi explorar as oportunidades e desafios do pagamento pelos serviços ecosistémicos na bacia hidrográfica do Phewa. Como este foi um estudo exploratório, a maior parte da informação foi recolhida de forma qualitativa. Isto requer a identificação dos produtores e consumidores dos bens e serviços. Portanto, foi necessária uma quantidade considerável de informação, que foi recolhida de fontes de informação primárias e secundárias.

### 4.1.1 Recolha de dados primários

Os dados primários foram obtidos utilizando vários instrumentos de ARP: discussões informais com os inquiridos, entrevistas semi-estruturadas, observações no terreno e inquéritos aos agregados familiares. Foram utilizados métodos diferentes para objectivos diferentes (ver abaixo).

#### *4.1.1.1 Inquérito a pessoas-chave*

Os informadores-chave foram identificados com base nos critérios de seleção acordados e as entrevistas foram realizadas de acordo com as directrizes de entrevista elaboradas pela equipa. Foram feitas uma série de perguntas abertas aos indivíduos seleccionados. As entrevistas foram qualitativas, aprofundadas e semi-estruturadas. Estas entrevistas foram realizadas para compreender os processos utilizados na conceção da instituição PES; para identificar os compradores, vendedores e fornecedores de conhecimentos; para compreender o interesse e o papel dos diferentes intervenientes no processo; para identificar o nível de sensibilização para o PES e o envolvimento dos CFUG; para identificar os pontos fortes e fracos da estrutura da instituição e o mecanismo de financiamento do programa global PES para a retenção de sedimentos. Foram seleccionados para as entrevistas mais de 25 informadores-chave que representam as comunidades locais em termos de estatuto social e etnia, riqueza económica, conhecimentos e regiões ecológicas.

#### *4.1.1.2 Consulta dos grupos de interesse*

No total, foram realizadas cinco consultas às partes interessadas (quatro a nível dos CDV e uma a nível distrital). As consultas visaram principalmente as partes interessadas de todos os CDV da bacia hidrográfica. A consulta das partes interessadas em Chapakot, Dhikure Pokhari, Bhadaure Tamagi e Kaskikot incluiu as partes interessadas relevantes a nível dos CDV. A consulta das partes interessadas a nível distrital foi efectuada no distrito 25 da sub-metrópole de Pokhara.

O Distrito Metropolitano nº 6 (cidade de Pokhara) incluiu as partes interessadas relevantes a nível distrital. Para as consultas a nível dos CDV, foram consideradas partes interessadas relevantes o CDV, a FECOFUN, o subcomité hidroelétrico, o comité de coordenação, o centro de serviços agrícolas, o NEFIN, o centro de serviços Dalit, a pessoa de recursos locais, a rede de mulheres a nível dos CDV, o CFUG, o projeto hidroelétrico a nível local e o comité de turismo. Do mesmo modo, para a consulta a nível distrital, o DDC, o DFO, o DSCO, o DADO, o Gabinete Distrital de Irrigação, a Autoridade Hidroelétrica, os partidos políticos, a NTB, a ACAP, a FECOFUN, a NEFIN, a Câmara de Comércio, a Associação Hoteleira, o Comité de Ecoturismo, a Rede de Mulheres, a Rede Dalit, a Associação de Jornalistas, o Subcomité Hidroelétrico, o Comité de Coordenação, o Comité de Preocupações, peritos locais e o Comité de Gestão da Bacia Hidrográfica de Phewa foram considerados partes interessadas relevantes. Os principais objectivos das consultas às partes interessadas foram os seguintes

    i. Aumentar a consciencialização e criar um entendimento comum dos ecosistemas, serviços ecosistémicos e pagamento por serviços ecosistémicos entre os intervenientes a nível local e distrital

    ii. Lista de serviços ecosistémicos importantes disponíveis nos VDCs analisados

    iii. Priorização dos serviços ecossistémicos

    iv. Identificação dos principais actores dos serviços ecosistémicos prioritários e do seu papel na conservação, gestão e/ou restauração dos serviços ecosistémicos

### *4.1.1.3 Observação direta*

Incluiu a observação das áreas de estudo e dos recursos naturais prioritários (biodiversidade, bacias hidrográficas, paisagens e reservas de carbono). As observações centraram-se na avaliação do estado e das tendências, dos padrões existentes de utilização da terra e dos recursos e dos seus impactos. Além disso, foram feitas tentativas para falar com os agregados familiares individuais sobre vários aspectos do PSA para captar as suas aspirações e perspectivas sobre o PSA.

### *4.1.1.4  Inquérito às famílias (questionário)*

Foram distribuídos aleatoriamente 91 questionários fechados para as comunidades a montante e 46 agregados familiares para as comunidades a jusante (beneficiários) para conhecer as condições socioeconómicas dos inquiridos, os problemas e o estado de conservação, a perceção e o conhecimento sobre o PSA e as suas políticas. O investigador fez perguntas fechadas e abertas que foram registadas por um assistente.

### 4.1.2  Recolha de dados secundários

Os dados e informações necessários para o estudo foram recolhidos a partir das fontes secundárias disponíveis. Foram identificadas e revistas as políticas, legislação e directrizes relacionadas com a proteção e utilização sensata das bacias hidrográficas, com enfoque no PES, para gerar e estabelecer a informação de base necessária para o estudo. Algumas das publicações que foram revistas incluem:

- Política, legislação e directrizes governamentais sobre bacias hidrográficas;
- Ata do seminário interativo das partes interessadas sobre o potencial do Mecanismo PES na paisagem ocidental do Terai;
- Panorama global dos processos de negociação e dos diferentes sistemas de governação no contexto dos serviços públicos de emprego;
- Políticas,                    leis e regulamentos governamentais        sobre NRM e o ecossistema

    Conservação, governação local, comércio. Fiscalidade, incluindo convenções e obrigações internacionais; e

## 4.2  Analisar os dados

A análise dos dados incluiu técnicas qualitativas e quantitativas reconhecidas cientificamente e utilizadas a nível internacional. O tratamento e a análise dos dados quantitativos basearam-se essencialmente na análise estatística (utilização de Ms Excel, SPSS 20.0 para a análise dos dados sociais).

Foram feitos esforços para evitar os problemas frequentemente encontrados na derivação dos valores económicos (omissões, enviesamentos e incertezas) dos diferentes serviços ecosistémicos e para atribuir, tanto quanto possível, valores reais aos valores estimados dos bens e serviços ecosistémicos que não têm um valor de mercado direto. Do mesmo modo, ao calcular os valores derivados de métodos de avaliação rápida como a transferência de benefícios, todos os passos necessários para quantificar e monetizar os valores ecosistémicos foram rigorosamente respeitados de modo a refletir o valor real tanto quanto possível.

Foi realizada uma análise qualitativa dos dados recolhidos nas discussões dos grupos de centragem, nas IAs e na observação direta. Foram também efectuadas análises descritivas de diferentes casos de serviços ecosistémicos, especialmente aqueles que não podem ser quantificados ou monetizados, tais como a conservação da biodiversidade e a gestão dos solos e das bacias hidrográficas, para se obter uma melhor compreensão dos problemas e das suas medidas de mitigação.

# CAPÍTULO 5 : RESULTADOS E DISCUSSÕES

## 5.1 Contexto socioeconómico

Esta secção apresenta as condições socioeconómicas dos inquiridos, incluindo o sexo dos inquiridos, a casta, o nível de educação, a ocupação e a situação económica dos agregados familiares inquiridos envolvidos em várias actividades. O número total de inquiridos na comunidade a montante foi de 91 e o dos utilizadores a jusante (beneficiários) foi de 46. O PES é um fenómeno específico do contexto, determinado pelos factores socioeconómicos existentes e, por conseguinte, estes factores devem ser tidos em consideração durante a implementação do programa. Estes antecedentes dos inquiridos podem desempenhar um papel na medição da perceção do mecanismo de pagamento por serviços ecosistémicos.

### ❖ Sexo dos inquiridos

A figura (3) mostra que, nas zonas a montante, 60% dos beneficiários são homens e 40% são mulheres, enquanto nas zonas a jusante 63% dos beneficiários são homens e 37% são mulheres.

*Figura 3: Género dos inquiridos nos sectores a montante e a jusante*

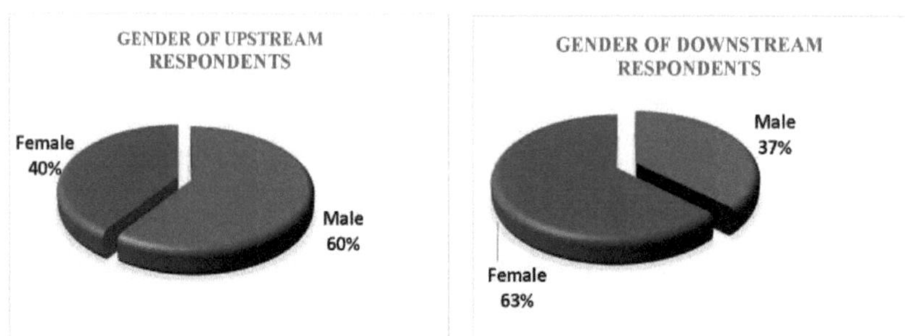



### Casta dos entrevistados

A figura (4) mostra que, dos 137 inquiridos no sector a montante, 34,10 % são Bramhin, 24,20 % Chetri, 27,50 % Janajati e 14,30 % Dalit, enquanto no sector a jusante, 44,70 % são Bramhin, 26,30 % Chetri, 15,80 % Janajati e 13,20 % Dalit.

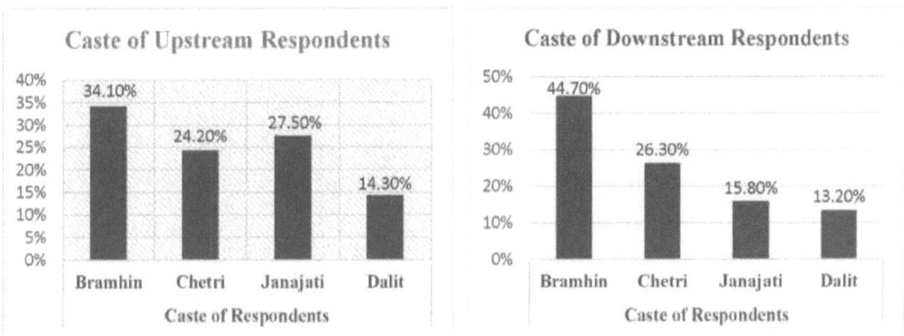


## Nível de educação dos inquiridos

A partir da Fig. (5), pode concluir-se que os inquiridos dos utilizadores a jusante são mais alfabetizados do que os dos utilizadores a montante, ou seja, 32% dos utilizadores a montante são alfabetizados, 20% são analfabetos, 19% têm o ensino secundário e 29% têm formação universitária, enquanto 21% dos utilizadores a jusante são alfabetizados, 10% são analfabetos, 32% têm o ensino secundário e 37% têm formação universitária.

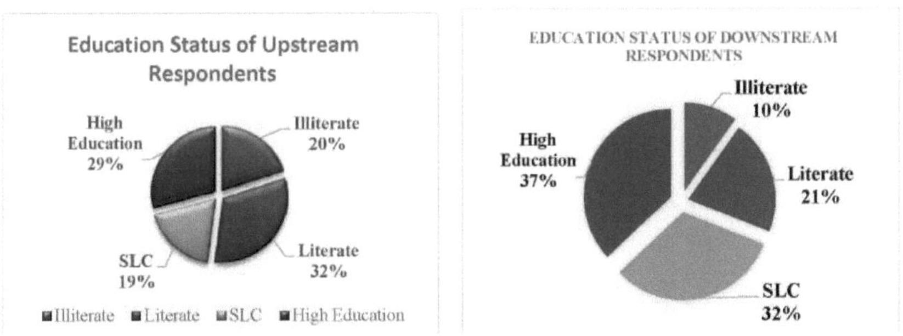




## Profissão dos inquiridos

A figura (6) mostra que a maioria dos utilizadores se dedica à agricultura (48%), 26% à hotelaria e restauração (12%) e outros (14%), enquanto que entre os beneficiários há mais pessoas que se dedicam à restauração, hotelaria e passeios de barco (63%) e outros a caminhadas, viagens e compras (11%, 13% e 13%, respetivamente).

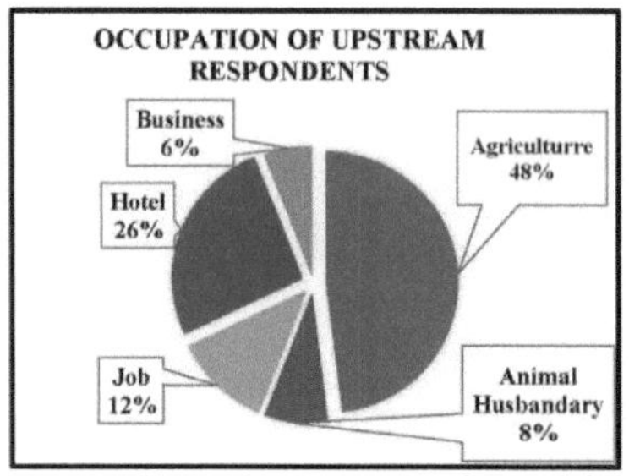

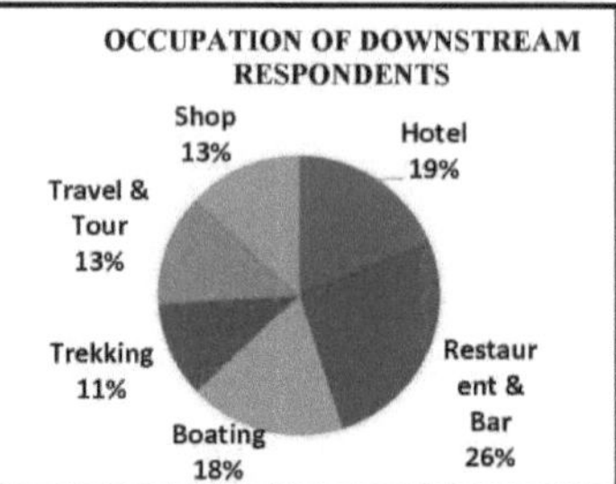


*Figure 6:  Situação profissional dos inquiridos nos sectores a montante e a jusante*

## 5.2 A perceção das pessoas sobre os SPE na bacia hidrográfica de Phewa

### 5.2.1  Conhecimento do SPE

A figura (7) mostra que os utilizadores a jusante/receptores de serviços (39%) têm mais conhecimentos sobre PSA do que os utilizadores a montante/prestadores de serviços (23%). Isto deve-se ao facto de a maioria dos inquiridos do sector a jusante estarem envolvidos em programas de sensibilização sobre PSA.

*Figure 7:  Conhecimentos sobre PSA nas comunidades a montante e a jusante*

### 5.2.2  Conhecimento das políticas dos serviços públicos de emprego (ou políticas similares)

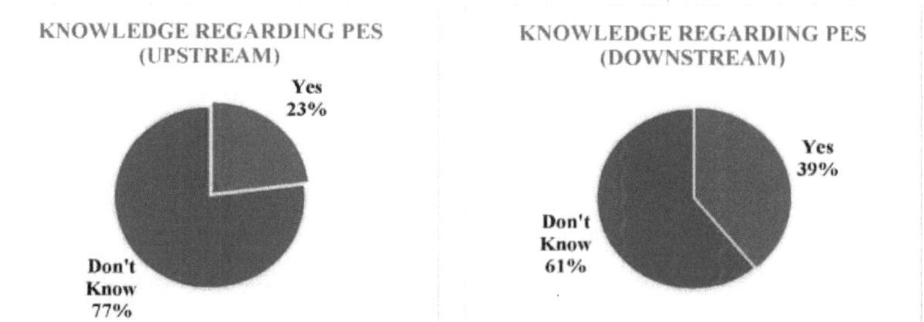


A figura (8) mostra que apenas 10% dos inquiridos, ou seja, os utilizadores a montante, estão conscientes da política do programa PES, enquanto a maioria dos inquiridos, ou seja, 90% dos inquiridos, não estão conscientes da política do programa PES, enquanto 28% estão bem conscientes da política do programa PES e 72% não estão conscientes no caso dos utilizadores a jusante.

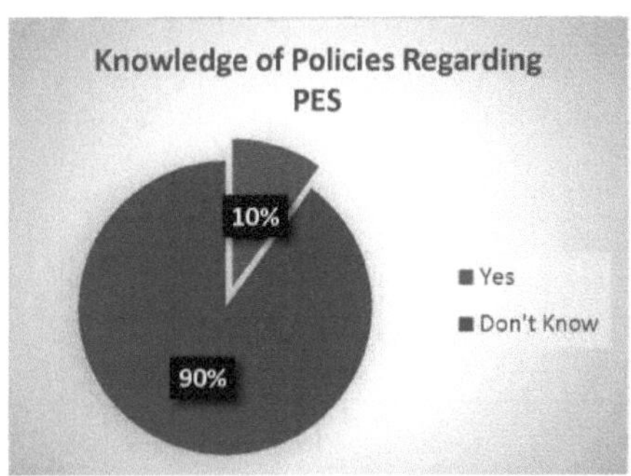


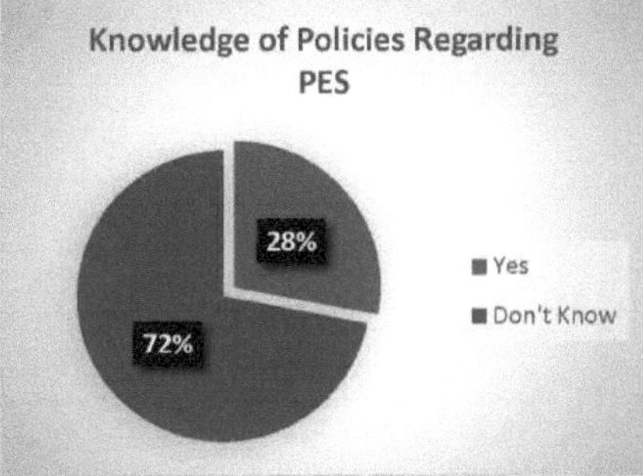


## 5.2.3 Necessidade de PES na bacia hidrográfica de Phewa

Verificou-se que tanto os utilizadores a montante como os utilizadores a jusante sublinharam a necessidade de um programa PES na bacia hidrográfica do Phewa para a prosperidade de ambos os utilizadores, por um lado, e para a conservação da bacia hidrográfica, por outro.

## 5.3 Efeitos

### 5.3.1 Efeitos nas populações que vivem a jusante

Os residentes a montante (prestadores de serviços) desempenham um papel importante na conservação e gestão dos recursos naturais, nomeadamente florestas, terras agrícolas, água e vida selvagem, etc. Por exemplo, se os residentes a montante não conservarem e gerirem os recursos naturais, não há dúvidas quanto ao impacto negativo nos residentes a jusante. Todos os entrevistados concordaram que há um impacto negativo nas pessoas que vivem a jusante quando as pessoas que vivem a montante não conservam e gerem os recursos naturais.

### 5.3.2 Programas a implementar para minimizar o impacto nos utilizadores a jusante

Para combater os efeitos adversos, como as catástrofes naturais, a erosão dos solos, a escassez de água e a sedimentação, e para preservar o produto florestal, devem ser adoptadas as seguintes medidas de combate. Isto porque uma boa gestão das bacias hidrográficas não está completa sem outras actividades de apoio.

*Quadro 4: Programa necessário para minimizar os efeitos adversos*

| S.N | Program necessary for minimizing the adverse effects | Percentage | |
|---|---|---|---|
| | **Counter measures** | U | B |
| 1 | Environmental sanitation | 4.4 | 15.8 |
| 2 | Conduction of people awareness program | 20.2 | 26.3 |
| 3 | Plantation of grass and fodder species | 26.0 | 23.7 |
| 4 | Establishment of check dam & gully control | 29.8 | 34.2 |
| 5 | Sedimentation dam | 19.6 | - |
| 6 | Others | | |
| | **Total** | **100** | **100** |

U= Utilizadores a montante (em %), B= Beneficiários (em %)

A construção de barragens de retenção e o controlo de ravinas, bem como a plantação de gramíneas e plantas forrageiras, foram a primeira ou segunda escolha dos inquiridos para minimizar o impacto nos residentes ribeirinhos. As medidas de correção ambiental foram a última escolha para minimizar o impacto. [stnd]Do mesmo modo, a instalação de barragens de retenção e o controlo de ravinas, bem como a implementação de um programa de sensibilização da comunidade foram a primeira ( ) e a segunda ( ) escolhas dos utilizadores a jusante, respetivamente. Não responderam à pergunta sobre uma barragem de sedimentação e consideraram-na como uma última escolha.

### 5.3.3 Expectativa de compensação dos utilizadores a montante

A Figura (9) mostra que 100% dos inquiridos, ou seja, os utilizadores a montante, esperam uma compensação através da prestação de vários serviços ecossistémicos. Cerca de 40% dos inquiridos, ou seja, os utilizadores a montante, estão cientes do esquema de compensação, enquanto 60% dos inquiridos não estão cientes dos esquemas de compensação, tais como dinheiro direto e incentivos indirectos. 100% dos inquiridos dos utilizadores a jusante têm conhecimento do esquema de compensação e estão dispostos a compensar os utilizadores a montante.

### 5.3.4 Tipo de pagamento

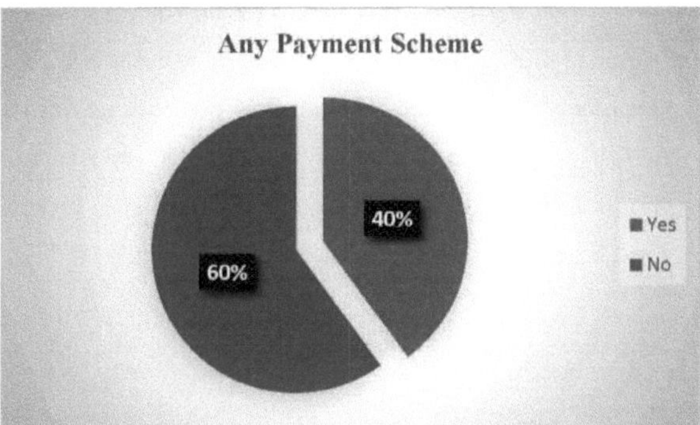


*Figura 9: Conhecimento do regime de compensação entre os inquiridos no sector a montante*

A figura (10) mostra que 37% dos inquiridos, ou seja, os utilizadores a montante, são da opinião de que a compensação é em dinheiro, enquanto 63% dos inquiridos são da opinião de que as instalações são fornecidas como compensação, enquanto 100% dos inquiridos dos utilizadores a jusante disseram que as instalações são fornecidas como compensação sob a forma de construção de barragens de controlo e caixas de gabiões, plantação de café, alaichi (*E. cardamomum*), giesta e outras espécies forrageiras, manutenção de estradas e construção de muros de contenção, programa de bio-engenharia para deslizamentos de terras, programa de sensibilização sobre PES.

*Figure 10:   Tipos de regimes de pagamento*

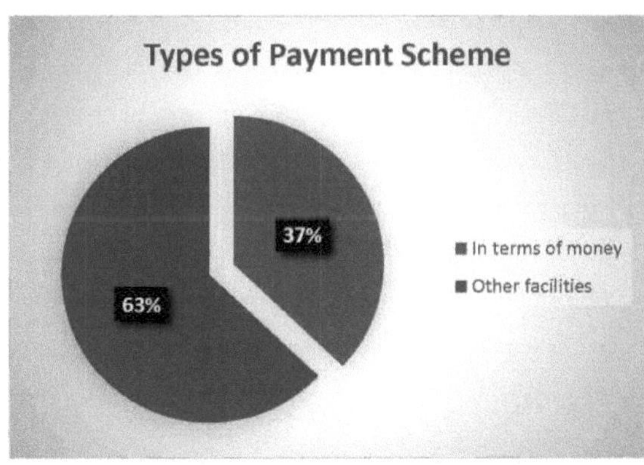

### 5.3.5 Quem deve pagar?

A figura (11) mostra que a maioria dos inquiridos/utilizadores a montante, ou seja, 46,20%, considera que todos (governo, empresários do turismo e DDC) devem pagar a compensação, sendo que 29,70% pertencem ao lado dos empresários do turismo, 22% dos inquiridos ao lado do governo e 2,20% ao lado da DDC, enquanto os utilizadores a jusante consideram que todas as partes interessadas que beneficiam direta e indiretamente, ou seja, empresários do turismo, governo, NEA e DDC, devem pagar.

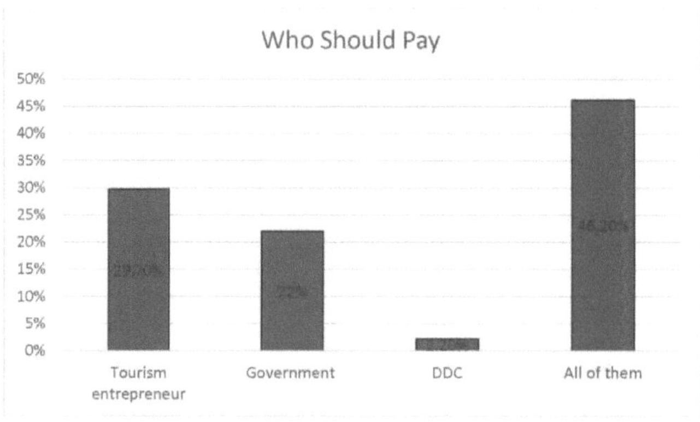


*Figure 11:  Prestador de pagamentos de indemnizações*

## 5.4  Lista dos PFE transaccionáveis disponíveis na bacia hidrográfica do Phewa e sua hierarquização

Durante a consulta às partes interessadas a nível dos CDV em Chapakot, Dhikur Pokhari, Bhadaure Tamagi e Kaskikot, *o turismo e a beleza paisagística, a biodiversidade e a retenção de sedimentos/conservação do solo* foram classificados como os serviços ambientais mais comercializáveis na zona. Ao dar prioridade a estes serviços ambientais, a maioria dos inquiridos atribuiu ao turismo a prioridade mais elevada, enquanto a maioria dos inquiridos atribuiu à biodiversidade a segunda prioridade mais elevada. Para identificar os ecossistemas comercializáveis da bacia hidrográfica do Phewa, o investigador entrevistou 10 intervenientes diferentes de cada CDV afetado e enumerou-os no Quadro 5.

*Quadro 5: Classificação dos bens de consumo transaccionáveis nos VDCs*

| S.N. | Ecosystem services | Kaskikot | | Bhaudre Tamagi | | Dhikur Pokhari | | Chapakot | |
|---|---|---|---|---|---|---|---|---|---|
| | | Score | Rank | Score | Rank | Score | Rank | Score | Rank |
| 1 | Tourism & Landscape beauty | 1.5 (1 & 3) | 1 | 1.30 (1 & 3) | 1 | 1.30 (1 & 3) | 1 | 1.5 (1 & 3) | 1 |
| 2 | Biodiversity | 2.70 (1 & 4) | 2 | 2.30 (1 & 4) | 2 | 2.10 (1 & 3) | 2 | 2.70 (1 & 4) | 2 |
| 3 | Sediment retention & Soil conservation | 3.20 (1 & 6) | 3 | 2.60 (1 & 3) | 3 | 2.70 (1 & 4) | 3 | 3.20 (1 & 6) | 3 |
| 4 | Fisheries | 3.60 (1 & 5) | 4 | 4.50 (3 & 6) | 4 | 4.10 (3 & 5) | 4 | 3.60 (1 & 5) | 4 |
| 5 | Clean water | 4.70 (2 & 6) | 5 | 4.90 (3 & 6) | 5 | 4.90 (4 & 6) | 5 | 4.70 (2 & 6) | 5 |
| 6 | Hydropower | 5.10 (3 & 6) | 6 | 5.40 (4 & 6) | 6 | 5.90 (4 & 6) | 6 | 5.10 (3 & 6) | 6 |

A consulta às partes interessadas a nível distrital nos distritos de Pokhara Sub-Metropolitan No. 25 (Pumdi-Bhumdi), Pokhara Sub-Metropolitan No. 26 (Sarangkot) e Pokhara Sub-Metropolitan No. 6 (Lakeside) revelou que *o turismo e a beleza cénica, a retenção de sedimentos/conservação do solo e o tratamento da água são os* SE mais transaccionáveis na área (Quadro 6).

Quadro 6: Consulta das partes interessadas a nível distrital (PCR 6, 25 e 26)

| | Rank | Minimum | Maximum | Mean | Std. Deviation |
|---|---|---|---|---|---|
| Tourism & Landscape beauty | 1 | 1 | 3 | 1.27 | .594 |
| Sedimen retention & Soil Conservation | 2 | 1 | 5 | 2.53 | 1.125 |
| Clean_Water | 3 | 1 | 6 | 2.87 | 1.060 |
| Biodiversity | 4 | 1 | 5 | 4.47 | 1.187 |
| Irregation | 5 | 3 | 6 | 4.67 | 1.113 |
| Hydropower | 6 | 3 | 6 | 5.07 | 1.163 |

A priorização corresponde aos factos de que i) o Lago Phewa tem um grande potencial para o turismo e é um paraíso para os turistas amantes da natureza. ii) a bacia hidrográfica do Phewa tem um grande potencial para várias aves aquáticas, peixes e plantas e iii) várias organizações governamentais e não governamentais estão dispostas a investir na bacia hidrográfica do Phewa e a trabalhar num sistema PES para a retenção de sedimentos. Portanto, os serviços ecosistémicos mais transaccionáveis na bacia hidrográfica do Phewa podem ser resumidos da seguinte forma (Tabela 7).

*Tabela 7: Lista dos serviços ecosistémicos identificados durante as consultas aos intervenientes e a sua classificação.*

| S.N | List of Ecosystem Services | | | | | Rank |
| --- | --- | --- | --- | --- | --- | --- |
| | VDC level stakeholder consultation (Chapakot) | VDC level stakeholder consultation (Dhikure pokhari) | VDC level stakeholder consultation (Bhadaure tamagi) | VDC level stakeholder consultation (Kaskikot) | District level stakeholder consultation (PKR sub-metropolitan ward no. 6,25,26) | |
| 1 | Tourism & Landscape beauty | Tourism & Landscape beauty | Tourism & Landscape beauty | Tourism & Landscape beauty | Tourism & Landscape beauty | 1st |
| 2 | Biodiversity | Biodiversity | Biodiversity | Biodiversity | Sediment retention/soil control | 2nd |
| 3 | Sediment retention/soil control | Sediment retention/soil control | Sediment retention/soil control | Sediment retention/soil control | Purification of water | 3rd |
| 4 | Sand & Stone | Sand & Stone | Carbon Sequestration | Fisheries | Biodiversity | 4th |
| 5 | Hydropower | Hydropower | Hydropower | Carbon Sequestration | Hydropower | 5th |
| 6 | Carbon Sequestration | Carbon Sequestration | Fisheries | Hydropower | Irrigation | 6th |

A retenção de sedimentos foi utilizada na bacia hidrográfica de Phewa.

## 5.5 Provedores de serviços ecosistémicos existentes, compradores/beneficiários e intermediários do programa PES para a retenção de sedimentos

### Quem são os vendedores ou fornecedores de serviços ecosistémicos?

A identificação dos prestadores de serviços para um serviço ambiental é fundamental e uma questão específica para o PSE, a fim de garantir a sustentabilidade do mecanismo, bem como resultados ambientais positivos para os compradores do serviço e melhorias nos meios de subsistência para os prestadores de serviços. Os vendedores são fornecedores de SE, uma vez que as suas acções podem potencialmente assegurar o fornecimento do serviço útil. Este grupo inclui normalmente proprietários de terras, agricultores e empresas agro-industriais, bem como proprietários institucionais (agências governamentais ou semi-governamentais). Neste caso, os vendedores incluem os agricultores a montante cujas terras estão a sofrer erosão, os grupos de utilizadores florestais cujos esforços para preservar a floresta comunitária melhoraram o coberto florestal e reduziram a erosão do solo, e o CDV a montante cujas acções, como a construção de estradas, causam uma erosão significativa do solo. Uma caraterística fundamental dos prestadores de serviços é o facto de serem geralmente oriundos de zonas rurais ou periurbanas.

Em muitos casos, trata-se de pequenos proprietários que praticam a agricultura de subsistência e de mercado ou a horticultura numa paisagem mista que inclui explorações agrícolas e florestas. Os fornecedores podem também ser utilizadores de recursos naturais, como as florestas, que têm direitos formais ou informais sobre o recurso. No caso de Kulekhani, por exemplo, os habitantes da bacia hidrográfica não se aperceberam de que as suas actividades estavam a beneficiar outros e a si próprios. Os potenciais vendedores de um SE são os actores que estão em posição de garantir o fornecimento do SE.

**Quem são os compradores/beneficiários?**

Outra questão crítica na aplicação dos PSE é a questão de saber quem são os compradores dos SE. Em particular, existe uma distinção importante entre os casos em que os compradores são os utilizadores efectivos dos SE e os casos em que os compradores são outros (normalmente o governo, uma ONG ou uma organização internacional) que agem em nome dos utilizadores dos SE. Tal como nos programas de PSA financiados pelos utilizadores, os compradores são os utilizadores efectivos dos SE: um programa de PSA em que um produtor de energia hidroelétrica paga aos utilizadores das terras a montante para manterem a bacia hidrográfica a montante da sua central seria um exemplo. Nos programas de PSA financiados por fundos públicos, os compradores são uma terceira parte que actua em nome dos utilizadores dos serviços. Trata-se normalmente de uma agência governamental, mas também pode ser uma instituição financeira internacional. Em suma, os compradores estão dispostos a pagar pela proteção, melhoria ou recuperação dos SE. Existem principalmente dois tipos de compradores, primários e secundários. Os compradores primários são geralmente também os principais beneficiários e incluem organizações privadas e indivíduos. Neste caso, este grupo inclui o sector do turismo, a AEN e os agricultores a jusante que beneficiam da água de irrigação. Os beneficiários secundários beneficiam indiretamente quando a prestação do serviço ecosistémico melhora. Por exemplo, os agricultores (vendedores, outros comerciantes) podem vender mais legumes na zona do lago se houver mais turistas. O governo pode obter mais receitas fiscais se a atividade comercial aumentar e o fornecimento de SE também aumentar. Em Pokhara, existem 573 hotéis e pensões, 21 restaurantes turísticos, 116 agências de viagens, 81 agências de trekking, 15 empresas de parapente e 3 casas de família que beneficiam diretamente do turismo no Lago Phewa (PTO, 2011). Há 90 famílias de pescadores que dependem da pesca no Lago Phewa. O governo municipal cobra impostos a estes empresários. Da mesma forma, há 723 proprietários de barcos e seus dependentes (Upreti et. al., 2013). A DDC cobra impostos aos barqueiros e aos pescadores. As centrais hidroeléctricas também geram receitas com a produção e distribuição de eletricidade aos utilizadores. Os agricultores a jusante do município de Pokhara beneficiam da irrigação das suas terras através dos canais de irrigação e obtêm uma boa produção agrícola.

**Quem são os intermediários?**

Os intermediários podem atuar como intermediários ou agentes para reunir compradores e vendedores, fornecer contributos técnicos, jurídicos e consultivos para criar uma base transparente para a transação entre compradores e vendedores, ou seja, ajudar na conceção e implementação de PSA. Este grupo pode desempenhar um papel central na criação de "confiança" entre compradores e vendedores, ajudando os vendedores a avaliar um "produto" de SE e o seu valor para os potenciais compradores, construindo uma boa relação entre compradores e vendedores, ajudando a estabelecer bases de referência para os SE (adicionalidade), fixando preços, fornecendo subsídios, estruturando acordos sobre um sistema de pagamento mutuamente aceitável, actividades relacionadas com a implementação (incluindo monitorização, certificação, verificação, etc.) e gestão global do regime. ONG que trabalharam com a comunidade local e ganharam credibilidade; essas ONG podem ajudar os agricultores a articular melhor as preocupações dos vendedores numa transação PSA. Muitas agências governamentais podem desempenhar um papel importante como intermediários, uma vez que, em última análise, protegem os recursos para as gerações futuras.

**Fornecedor de conhecimentos**

Os fornecedores de conhecimentos incluem investigadores em PSA e áreas afins, peritos em gestão de recursos, especialistas em avaliação, planificadores do uso da terra, reguladores e consultores empresariais e jurídicos, grupos comunitários de utilizadores da floresta, organizações de desenvolvimento e ambientais como o National Trust for Nature Conservation (NTNC), WWF, universidades, investigadores individuais e agências governamentais que podem fornecer os conhecimentos necessários para

*Tabela 8: Lista de provedores de serviços ecosistémicos, compradores/beneficiários, intermediários e provedores de conhecimento.*

| S.N | Activities | Places |
|---|---|---|
| 1 | Establish check dam & gabion box | Middle of Kaskikot & Bhadaure Tamagi |
| 2 | Planting of coffee | Allward of Dhikure Pokhari |
| 3 | Road maintenance & construction of retaining wall | Dhikure Pokhari ward no.1 |
| 4 | Road Maintenance | Dhikure Pokhari ward no.1 & 2 ( Nau Danda to Adhikari Goun) |
| 5 | Plantation of fodder species & Alaichi | All ward of Dhikure Pokhari |
| 6 | Terrace improvement & Embankment construction | All ward of Dhikure Pokhari |
| 7 | Bio-engineering program for landslide | All area of watershed |
| 8 | Cleaning of Phewa Lake and removal of water Hycanth | Phewa Lake |
| 9 | Awareness program on PES | For upstream communities |
| 10 | Monitoring and evaluation | |

## 5.6 Mecanismo de financiamento do programa PES para a retenção de sedimentos

O Comité de Desenvolvimento do Distrito de Kaski registou o "Comité de Utilizadores para a Gestão dos Ecossistemas da Bacia Hidrográfica de Phewa" em 15 de setembro de 2015, a pedido da Assembleia Geral de Prestadores e Beneficiários de Serviços Ecossistémicos. O Comité de Utilizadores é composto por onze membros, dos quais seis membros são das comunidades a montante (fornecedores de serviços ecossistémicos) e cinco membros são da indústria do turismo (destinatários de serviços ecossistémicos). Este comité de utilizadores trabalhará de acordo com o Procedimento de Mobilização e Gestão dos Recursos das Entidades Locais, 2069 e deve ser recadastrado todos os anos.

Tabela 8: Lista de provedores

| Suppliers of ES | Buyers/Beneficiaries of ES | Intermediaries | Knowledge Provider |
|---|---|---|---|
| • Upstream Communities (Private land and community land)<br>• Panchase Protected forest<br>• Community forest<br>• Land owner and farmers<br>• Agribusiness farmer | • Hotel association of Nepal<br>• Travel agencies<br>• Trekking agencies Association of Nepal<br>• Restaurent and Bar Association Nepal(REBAN)<br>• Phewa BoaterAssociation<br>• Pokhara Chamber of Commerce and industry<br>• Ward Citizen Forum from VDCs<br>• Paragliding company | • DDC<br>• Pokhara sub-metropolitan<br>• Kaskikot VDC<br>• Dhikure Pokhari VDC<br>• Bhadaure Tamagi VDC<br>• Chapakot VDC<br>• DFO<br>• DSCO<br>• DADO<br>• Department of road | • DFO<br>• DADO<br>• DSCO<br>• Academicians from AFU<br>• IOF<br>• NGO and INGO<br>• NTNC<br>• WWF<br>• Business and legal advisors<br>• Individual researcher |

**Diagrama para a manutenção e gestão dos fundos**

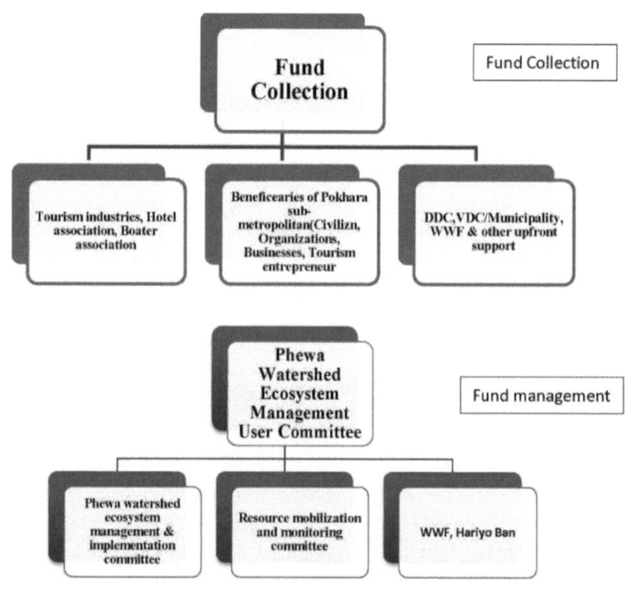


A figura de cima mostra as possíveis fontes de financiamento. E a figura inferior mostra o mecanismo institucional para gerir, implementar e monitorizar as necessidades de conservação. Cada um destes comités acima referidos pode ser dirigido por diferentes actores envolvidos no processo, como o Município de Pokhara, o governo e as ONG locais e ONGI (EBA, WWF) envolvidas no processo. Dado que estas ONG e Hariyo Ban já adquiriram uma vasta experiência de trabalho na bacia hidrográfica, poderão ter uma vantagem comparativa na liderança das actividades de proteção da bacia hidrográfica. Mas outros podem também assumir o seu papel se estiverem melhor colocados para o fazer. Estas instituições devem trabalhar em conjunto para detalhar o mecanismo de financiamento pelos beneficiários e outros, bem como o mecanismo de pagamento para os utilizadores da terra e dos recursos.

## 5.7 Principais actores da ES prioritária e respectivos papéis

Os principais intervenientes dos SE prioritários e o seu papel na conservação, gestão e/ou recuperação dos SE foram identificados através de KIIs e consultas aos intervenientes a nível distrital e VDC.Todas as partes interessadas identificadas mostraram-se positivas quanto à continuação da iniciativa PES no Lago Phewa. No entanto, solicitaram claramente orientações adicionais e partilha sobre o PSA nas suas organizações e também a nível distrital para acordarem os seus papéis. Uma vez que o PSA é um conceito novo, são necessárias mais orientações entre as partes interessadas identificadas para proporcionar clareza concetual. Além disso, a presença de um representante autorizado é indispensável para acordar os papéis e garantir o empenhamento no cumprimento das tarefas das organizações.Os papéis potenciais dos intervenientes identificados - identificados através da KII e das consultas aos intervenientes a nível distrital e dos VDCs - foram amplamente delineados na tabela abaixo. Para este efeito, os intervenientes identificados foram categorizados nos seguintes grupos Agências governamentais; ONG locais; partidos políticos e redes; associações de hotéis/hoteleiros/operadores turísticos/agências de trekking (no caso do turismo); meios de comunicação; projectos e programas; e comunidades/grupos de utilizadores. Com base no parecer da consulta final das partes interessadas a nível distrital, a equipa do projeto dá grande ênfase à organização de orientações e consultas adicionais com as principais partes interessadas.

Quadro 10: Lista das principais partes interessadas e respectivas funções

| Key stakeholders | Roles | How ..................? |
|---|---|---|
| DDC | • PES Project Development, Implementation and Financial Management. | • Lead the planning process and ensure the coordination among the relevant stakeholders<br>• Policy formulation at local level.<br>• Fund generation and management. |
| | • Monitoring | • Monitoring project activities |
| | • Mediation/Conflict resolution. | • Conflict resolution. |
| Line agencies (such as DSCO, DFO, DADO, DLSO, etc) | • PES Project Development, Implementation and Financial Management. | • Technical backstopping.<br>• Material and technical support<br>• Project activities planning and implementation<br>• Capacity building of communities |
| | • Monitoring | • Monitoring project activities<br>• Policy feedback |
| Local NGOs working in the relevant sector of the area | • PES Project Development, Implementation and Financial Management. | • Facilitation in planning process<br>• Awareness raising<br>• Facilitation for activity implementation<br>• Social mobilization |
| | • Monitoring | • Monitoring process and project activities |
| Political parties and civil society networks (such as Interparty Women Network, FECOFUN, etc) | • PES Project Development, Implementation and Financial Management. | • Participation in planning process<br>• Lobbying for policy formulation<br>• Advocacy<br>• Capacity building of local user |
| | • Monitoring | • Monitoring project activities |
| | • Mediation/Conflict resolution. | • Conflict resolution<br>• Creating an enabling environment |
| Media (Local FMs) | • PES Project Development, Implementation and Financial Management. | • Awareness raising<br>• Contribution to the PES policy formulation process through the promotion of public discussion among the |

| | | relevant stakeholders |
|---|---|---|
| | • Monitoring | • Monitoring project activities |
| | • Mediation/Conflict resolution. | • Conflict resolution<br>• Creating an enabling environment |
| Projects and programs (such as the Hariyo Ban Program…) | • PES Project Development, Implementation and Financial Management. | • Sensitization<br>• Fund generation<br>• Capacity building of communities<br>• Help and give idea to user committee<br>• Material and technical support |
| | • Monitoring | • Monitoring project activities<br>• Policy feedback |
| Communities/user groups (such as CFUGs, farmer groups | • PES Project Development, Implementation and Financial Management. | • Monitoring project activities (Producer of ES) |

## 5.8 Oportunidades e desafios do programa PES na bacia hidrográfica de Phewa

### 5.8.1 Possibilidades no âmbito do programa PES/retenção de sedimentos

As oportunidades associadas à implementação do programa PES na bacia hidrográfica do Phewa podem desempenhar um papel fundamental na conservação e na redução da pobreza das comunidades locais. Isto pode ser alcançado através da inovação, gestão adaptativa e aprendizagem a partir de estudos de casos bem sucedidos, uma vez que o esquema está ainda numa fase inicial. Algumas das oportunidades observadas e identificadas na área de estudo são as seguintes

**1) Complemento da gestão tradicional das bacias hidrográficas**

Tradicionalmente, a gestão das bacias hidrográficas tem-se centrado nas zonas a montante ou a jusante. A montante, os programas de proteção centram-se nas zonas de deslizamento de terras ou de erosão. A jusante, os investimentos são canalizados para a construção de estruturas de engenharia para resolver problemas de inundação e sedimentação. Por conseguinte, a gestão das bacias hidrográficas é geralmente considerada sem ter em conta as ligações entre a gestão a montante e a gestão a jusante.

**2) Apoiar as mudanças na gestão dos recursos**

A boa governação é parte integrante de qualquer processo de desenvolvimento, com ênfase na participação da sociedade civil, no Estado de direito, em soluções negociadas, na transparência e na equidade (Graham et al., 2003). Os PSE contribuem para a mudança na gestão dos recursos, melhorando a eficiência da afetação dos recursos, resolvendo conflitos e aumentando a participação dos beneficiários na gestão dos recursos.

**3) Água potável e irrigação**

Se o programa de retenção de sedimentos do PSE for implementado, a escassez de água potável causada pelo aumento da população, especialmente na zona urbana de Pokhara, será resolvida. Tal contribuirá para a gestão e conservação das massas de água, a fim de fornecer água potável e instalações de irrigação suficientes.

**4) Financiamento e comércio de carbono**

O projeto-piloto liderado pelo ICIMOD concebeu uma rede de CFUGs ao nível da bacia de captação, a chamada rede REDD. A ideia central desta rede consiste em agrupar os CFUGs para reduzir os custos de transação da implementação do REDD+ (Khatri, et, al 2013), uma vez que esta bacia hidrográfica pode ser um potencial sistema de pagamento que traz novos financiamentos através da implementação do mecanismo REDD. Para este efeito, devem ser recolhidas informações de base sobre o stock de carbono e devem ser desenvolvidos possíveis mecanismos de pagamento para as comunidades.

**5) Conservação da biodiversidade**

Como se trata de uma bacia hidrográfica protegida, a flora e a fauna desta bacia hidrográfica estão protegidas. De acordo com os inquiridos locais, o número de animais selvagens na floresta protegida de Panchase está a aumentar, tal como o número de aves aquáticas e de peixes no Lago Phewa.

**6) Melhorar os meios de subsistência e reduzir a pobreza nas comunidades a montante**

Se for introduzido um sistema de PSE para os serviços ecosistémicos prestados pela bacia hidrográfica, este trará, por sua vez, benefícios financeiros para as comunidades a montante. O dinheiro gerado pelo sistema de PSE ajudará as pessoas a melhorar os seus meios de subsistência através de métodos alternativos, em vez de práticas agrícolas em terras marginais. Em princípio, a motivação para a criação de programas de PSE não é a redução da pobreza. No entanto, a redução da pobreza pode ser visada através de actividades a montante a favor dos pobres, por exemplo, actividades geradoras de rendimentos para os prestadores de serviços pobres (Landell-Mills e Porras, 2002a; Pagiola e Platais, 2002; Wunder, 2005).

**7) Potencial para o ecoturismo**

A zona a montante desta bacia hidrográfica pode ser um dos melhores destinos de ecoturismo para os visitantes de Pokhara. Harpan Khola, Pame, PPF, Santistupa e Sarangkot são alguns dos principais destinos turísticos.

**8) Valor estético**

Esta bacia hidrográfica tem um elevado valor estético, uma vez que proporciona um elevado valor ambiental recreativo às pessoas que visitam este local. A bacia hidrográfica fica muito próxima da cidade de Pokhara e tem um elevado potencial para gerar receitas através do desenvolvimento de um local de piquenique ecológico.

### 5.7.1 Desafios associados ao sistema PES na bacia hidrográfica do Phewa

A implementação de programas de PSE, como muitas outras novas iniciativas, pode apresentar alguns desafios. O estudo constatou que as pessoas estão menos conscientes do mecanismo de PSA e têm competências inadequadas para o implementar. Isto pode constituir um desafio para a comunidade que adopta estes programas. Em geral, a implementação de programas de PSE deve exigir informação sobre os programas de PSE, compradores e vendedores, sobre a conceção dos programas de PSE e outros. A falta de informação pode gerar confusão, incerteza e desconfiança em relação aos mecanismos de PSA nas comunidades. Se os desafios forem superados, podem motivar as comunidades a adotar o sistema, promovendo a compreensão do mecanismo de PSA. Alguns desafios que foram observados e identificados na área de estudo foram

**1) Falta de informação e de capacidade para implementar o programa PES**

Verificou-se que o nível de conhecimento das pessoas sobre o programa PES é baixo. Para a implementação deste esquema, as pessoas devem ter uma boa consciencialização sobre o mesmo. Os provedores comunitários de serviços ecosistémicos devem ser capazes de avaliar o potencial de mercado dos seus recursos ou efetuar uma gestão de recursos que incida na restauração e conservação dos serviços ecosistémicos. A falta de capacidade, especialmente nas organizações comunitárias, pode dificultar a implementação do sistema PES.

**2) Falta de uma organização comunitária e de um mercado para os serviços ecosistémicos**

Verificou-se que apenas algumas organizações de base comunitária estão activas no domínio dos serviços ecossistémicos e que o município não se esforça por coordenar e apoiar. Além disso, não existem melhores instituições e enquadramentos para a promoção dos serviços ecossistémicos.

**3) Agricultura em terras marginais**

O estudo mostrou que 48 % e 8 % dos agricultores inquiridos trabalhavam na agricultura e na pecuária, respetivamente. A maioria destes agricultores pratica a agricultura arvense em terras marginais, o que acelera ainda mais a erosão do solo.

**4) Avaliação económica**

A avaliação económica dos recursos naturais permite exprimir o valor dos recursos naturais em termos monetários. A avaliação económica inclui a avaliação real dos serviços ambientais, bem como os custos de proteção e manutenção desses serviços e os custos de esgotamento ou degradação. A nível local, a avaliação dos serviços acima referidos era muito difícil e dispendiosa, pelo que não podia ser efectuada eficazmente a nível local.

**5) Não Medidas efectivas**

A falta de políticas eficazes, as lacunas e os conflitos entre políticas foram identificados como factores que impedem a implementação bem sucedida do programa PES para a retenção de sedimentos na bacia hidrográfica de Phewa. **6) Instabilidade política**

Verificou-se que as influências políticas impedem a implementação do programa PES e a continuação do programa a longo prazo. A maioria dos inquiridos mostrou-se negativa em relação à autoridade política.É difícil abranger todos os sectores

O programa PES só será bem sucedido se for implementado de forma coordenada entre os vários intervenientes direta ou indiretamente envolvidos na bacia hidrográfica. Foi igualmente referido que o atual programa PES não tem sido bem sucedido neste aspeto.

**7) Falta de confiança entre os beneficiários/empresários do turismo e os habitantes locais**

A maioria dos utilizadores a jusante indicou que não existe uma forte confiança e consenso entre os beneficiários, tais como operadores turísticos, hotéis, barqueiros, etc., e as comunidades a montante.

# CAPÍTULO 6: CONCLUSÕES E RECOMENDAÇÕES

## 6.1 Conclusão

A vida do Lago Phewa depende do sucesso da retenção de sedimentos nas bacias hidrográficas superiores. Este estudo mostra que tanto as comunidades a montante como a jusante beneficiam do PES, especialmente da retenção de sedimentos. Isto pode ser conseguido através do estabelecimento de uma Autoridade de Gestão do Phewa independente e outras instituições apropriadas para a prestação efectiva do serviço ecosistémico de retenção de sedimentos e pagamentos pela prestação de serviços.

A maioria das práticas de PSE praticadas no Nepal e no estrangeiro são práticas do tipo PSE e não práticas genuínas de PSE. Por conseguinte, existe a possibilidade de a iniciativa PSA na bacia hidrográfica de Phewa ser uma prática PSA genuína que preenche as cinco condições de Wunder 2014.

Turismo, biodiversidade e retenção de sedimentos como os três SE mais importantes na bacia hidrográfica do Phewa.

A floresta protegida de Panchase, a floresta comunitária, os proprietários de terras e os agricultores foram identificados como utilizadores a montante como fornecedores de SE, enquanto as associações hoteleiras, as agências de viagens, as agências de trekking, as associações de restaurantes e bares, as associações de barcos phewa, os praticantes de parapente, as instituições governamentais e não governamentais e a Autoridade de Eletricidade do Nepal foram considerados beneficiários de SE.

As principais partes interessadas identificadas durante as consultas foram as agências governamentais, as ONG/ONG locais, os partidos e redes políticas, as associações hoteleiras/hoteleiros/operadores turísticos, os meios de comunicação social e os grupos de utilizadores.

O estudo concluiu que as partes interessadas a nível local e distrital estão interessadas em iniciativas de PSE centradas nos SE prioritários, incluindo a retenção de sedimentos.

A indústria do turismo, a associação hoteleira, a associação de barqueiros, os beneficiários da sub-metrópole de Pokhara e o WWF estão a trabalhar como fontes de financiamento e o fundo é gerido pelo Comité de Utilizadores da Gestão do Ecossistema da Bacia Hidrográfica de Phewa.

## 6.1 Recomendações

Para uma aplicação bem sucedida do PSA a nível local, as partes interessadas e as comunidades locais a montante e a jusante devem ser envolvidas no processo de tomada de decisões, a fim de criar um sistema PSA eficaz e eficiente.

Os fundos recolhidos das várias fontes devem ser distribuídos de forma muito eficaz pelos prestadores de serviços.

Programas de sensibilização para o programa e a política de PSE entre os utilizadores a montante e a jusante e o programa atual na bacia hidrográfica do Phewa.

Pode ser elaborada uma lei especial sobre os SPE, com a participação de todos os grupos de interesse, para institucionalizar o programa SPE.

## Referências


**Adhikari, B., (2009)**. Market Based Approaches to Environmental Management: A Review of Lessons from Payment for Environmental Services in Asia. Tóquio: Documento de trabalho do Instituto ADB n.º 134, Instituto do Banco Asiático de Desenvolvimento.

**Bhatta, L. D., van Oort, B. E. H., Rucevska, I., & Baral, H. (2014)**. Pagamento por serviços ecossistémicos: possível instrumento para a gestão de serviços ecossistémicos no Nepal. Revista Internacional de Ciência da Biodiversidade, Serviços e Gestão de Ecossistemas, 10(4), 289-299.

**Käufer, B., (2008)**. Ecosystem Services: What Do We Know and Where Should We Go? ARD, Burlington.

**Chalise, L., (2008)**. Pagamentos por serviços ambientais: Uma nova abordagem centrada nas pessoas para a conservação da biodiversidade no Nepal. The Initiation, 2(1), 99-103.

**Classen, R., Cattaneo, R., Johansson, R., (2008)**. Cost-effective design of agri-environmental payment programmes: Experiências dos EUA na teoria e na prática. Ecological Economics 65, 737-752.

**Corbera, E., Brown, K., e Adger W.N., (2007)**. The Equity and Legitimacy of Markets for Ecosystem Services", Development and Change 38(4): 587-613.

**Echevarria, M., (2002)**. Associação de utilizadores de água no Vale do Cauca: um mecanismo voluntário para promover a cooperação entre as regiões a montante e a jusante para proteger as bacias hidrográficas rurais. FAO, Roma.

**Engel, S., e Palmer, C., (2008)**. "Payments for Environmental Services as an Alternative to Logging under Weak Property Rights: The Case of Indonesia", Ecological Economics.

**Engel, S., Pagiola, S., & Wunder, S., (2008)**. The design of payments for environmental services in theory and practice: An overview of the issues. *Ecological Economics*, *65*(4), 663674.

**Farley, J., e Costanza R., (2010).** Pagamento por serviços ecossistémicos: From local to global. Ecological Economics 69.

**Forest Trends, The Katoomba Group e UNEP, (2008).** Pagamentos por Serviços Ecossistémicos - Introdução: APrimer. UNON/Secção de Serviços de Publicação/Nairobi.

**Graham, J., Amos, B., & Plumptre, T., (2003).** Principles for Good Governance in the 21st Century Policy BriefNo. 15. Institute for Governance, Ottawa, Canadá. Regional review of payments for watershed services: Sub-Saharan Africa. Journal of Sustainable Forest Management, 28(3-5), 525-550.

**IUCN Nepal, (2011).** Plano integrado de conservação e gestão da bacia hidrográfica: bacia hidrográfica de Sardu, Dharan, Sunsari.

**Kanel, K.R., (2010).** Aplicação da ferramenta de avaliação económica: estudos de caso do Nepal (Lago Phewa e Lago Ghodaghodi). Conservação e utilização sustentável das zonas húmidas no Nepal.

**Karky, B.S., e Joshi, L., (2009).** Payment for Environmental services-an approach to enhancing water storage capacity, pp.31-33, ICIMOD, Sustainable Mountain Development.

**Karn, Prakash K., (2008).** O pagamento por serviços ecossistémicos (PES) funciona: Um estudo de caso do Parque Nacional de Shivapuri, Nepal. Em Shifting Paradigms in Protected Area Management (Ed) Bajracharya S. B., Dahal, N., NTNC, Nepal,171-185.

**Khanal, R., & Poudel, P., (2012).** Payment for Ecosystem Services (PES) Schemes for Conserving Sardu Watershed Nepal: Existing Practices and Future Prospects. União Internacional para a Conservação da Natureza, Katmandu, Nepal.

**Khatri, D.B., (2009).** Trade-offs com o ambiente no pagamento de serviços ecossistémicos. Uma análise institucional do mecanismo de partilha de receitas da energia hidroelétrica na bacia hidrográfica de Kulekhani. Uma tese apresentada ao Instituto Internacional de Estudos Sociais em cumprimento parcial dos requisitos para a obtenção do grau de Mestre em Estudos de

Desenvolvimento.

**Kunwar, K. J., (2008).** Payment for Environmental Services in Nepal (A Case Study of Shivapuri National Park, Kathmandu, Nepal). The Initiation, 2(1), 63-72.

**Landell-Mills, N., e Porras, I.T., (2002).** Silver Bullet or Fools Gold: A Global Review of Markets for Forst Environmental Services and their Impacts on the poor. Londres: Instituto Internacional para o Ambiente e o Desenvolvimento.

**Leimona, B., e Lee, E., (2008).** Pro-Poor Payment for Environmental Services: Some Considerations. RUPES-ICRAF SEA, Bogor.s.

**Matta, J., e Kerr J., (2006)** Can Environmental Services Payments Sustain Collaborative Forest Management? Journal of Sustainable Forestry 23(2): 63-79.

**McAfee, K., e E. Shapiro (em preparação).** Payments for Ecosystem Services in Mexico: Neoliberalism, Social Movements, and the State. Annals of the Association of American Geographers, a ser publicado.

**MEA, (2005).** Ecossistemas e bem-estar humano: Synthesis. Washington, DC, Island Press. www.maweb .org/documents/document.35 6.aspx.pdf.

**Muradian, R., Corbera, E., Pascual, U., Kosoy, N., & May, P. H., (2010).** Reconciliando teoria e prática: Um quadro concetual alternativo para a compreensão dos pagamentos por serviços ambientais. Ecological Economics, 69(6), 1202-1208. 65(4): 799-809.

**Munoz-Pina, C., Guevara, A., Torres, J.M., Brana, J., (2008).** Pagamento pelos serviços hidrológicos das florestas do México: análise, negociações e resultados. Economia Ecológica 65, 725-736.

**Neef, A., e Thomas D., (2009).** "Rewarding the Upland Poor for Saving the Commons? Evidence from Southeast Asia", International Journal of the Commons 3(1): 1-15.

**Niraula, R., (2007).** Avaliação dos serviços de bacia hidrográfica na bacia hidrográfica de Sundarijal: um estudo de caso de
Payment dor Ecosystem Services, Environmental Economics and

Management, 31,387402.

**Ojha H. R., Kotru, R., Khanal, D.R., Bhatta, L., e Paudyal, G., (2009).** Payment for Ecosystem Services (PES) in Nepal: Global Lessons, Local Reflections Discussion Note, Forest Action and SNV.

**Padilla, J.E., Tongson,E.E., e Lasco, R.D (eds.). (2005).** Sustainable for Conservation and Development: Proceeding from the National Conference- Workshop on Payments for Environmental Services: Direct Incentives for Biodiversity Conservation and Poverty Alleviation. Manila, 1-2 de março de 2005, WWF, ICRAF, REECS, UP-CIDS, UPLB- ENFOR, CARE. 279 páginas.

**Pagiola, S., (2008).** "Payments for Environmental Services in Costa Rica", Ecological Economics 65(4): 712-724.

**Pagiola, S., Arcenas, A., e Platais, G., (2005).** Podem os Pagamentos por Serviços Ecosistémicos Ajudar a Reduzir a Pobreza? An Exploration of the Issues and the Evidence to Date from Latin America. World Development Vol. 33, No. 2, pp. 237-253, The World Bank, Washington, DC, USA.

**Pagiola, S., (2002).** Vendendo os Serviços Ecossistêmicos para Ajudar a Financiar o Reflorestamento. Departamento de Meio Ambiente do Banco Mundial, América Latina.

**Pagiola, S., (2007).** Pagamento por serviços ecossistémicos: Uma introdução. Divisão de Ecossistemas, Banco Mundial.

**PTO, (2011).** Um breve relatório de progresso do Gabinete de Turismo de Pokhara até ao ano fiscal de 2067/68 e um livro de descrição do planeamento, Pokhara. Gabinete de Turismo de Pokhara.

**Poudel, D., (2010).** Relatório do estudo sobre a avaliação económica dos serviços da bacia hidrográfica e o regime de pagamento por serviços ambientais (PES) para a conservação da bacia hidrográfica de Sardu. IUCN, financiado pela UKaid do Departamento para o Desenvolvimento Internacional.

**Richards, M., (2000).** Can sustainable tropical forestry be profitable? The potential and limitations of innovative incentive mechanisms. World Development 28 (6),

1001-1016.

**Shelley, B.G., (2011).** Que nome devemos dar aos instrumentos comummente conhecidos como pagamentos por serviços ambientais? Uma revisão da literatura e uma proposta. Ann. N. Y. Acad. Sci. 1219 (1), 209-225.

**Smith, J. e Scherr S.J., (2002).** Forest Carbon and Local Livelihoods: Assessment of Opportunities and Policy Recommendations? CIFOR Occasional Paper no. 37, Bogor: Centre for International Forestry Research (CIFOR).

**Subedi, D.S., (2013).** Landuse/Land Cover Change in Phewa Lake Watershed, Nepal: Using Geospatial Tools. Uma desertificação apresentada ao Departamento de Geografia da Faculdade de Humanidades e Ciências Sociais para o cumprimento parcial do Mestrado em Geografia, Departamento de Geografia, Campus Prithvi Narayan, Pokhara, janeiro de 2013.

**Swallow, B.M., Kallesoe, M., van Noordwijk, M., Bracer, C., Scherr, S. Raju, K.V., Poats, S., Duraiappah, A., Ochieng, B., Mallee H e Rumley R., (2007)** "Compensation and Rewards for Environmental Services in the Developing World: Framing Pan- tropical Analysis and Comparison". Documento de trabalho do ICRAF n.º 32, Nairobi: Centro Mundial de Agroflorestação (ICRAF).

**Turpie, J.K., Marais, C., Blignaut, J.N., (2008).** The Working for Water for Water Programme: desenvolvimento de um mecanismo de pagamentos por serviços ecosistémicos que aborda tanto a pobreza como a prestação de serviços ecosistémicos na África do Sul. Ecological Economics 65, 788-798.

**Upadhyaya, S.K., (2005).** Pagamentos por serviços ecosistémicos: Sharing Hydropower Benefits with Upland Communities? RUPES Kulekhani Working Paper no. 1, Kathmandu: Winrock International.

**Upreti, B. R., Upadhayaya, P. N. e Sapkota, T., (2013).** Tourism in Pokhara: Issues, Trends and Prospects for Peace and Prosperity [Turismo em Pokhara: Questões, Tendências e Perspectivas para a Paz e a Prosperidade]. Editado por três autores. Publicado conjuntamente por Pokhara Tourism Council, South Asia Regional Coordination Office of NCCR NorthSouth e Nepal Centre for

Contemporary Research, Kathmandu. S. 289-314.

**Banco Mundial, (2007).** Guidelines for "Pro-Poor" Payments for Environmental Services, Banco Mundial, Departamento do Ambiente.

**Wunder, S., (2005).** Payment for ecosystem services: Some nuts and bolts, Occasional paper No. 42, Bogor: Centre for International Forestry Research.

**Wunder, S., (2008).** Pagamentos por serviços ambientais e os pobres: Concepts and preliminary findings. Economia do Ambiente e do Desenvolvimento, 13(03), 279-297.

**Wunder, S., Engel, S., & Pagiola, S., (2008).** Taking stock: A comparative analysis of environmental service payment programmes in developed and developing countries. Ecological Economics, 65(4), 834-852.

**Wunder, S., Engel, S., & Pagiola, S., (2008).** Taking stock: lessons for environmental service programmes. Economics 65:834-852.

**Wunder, S., (2014).** Revisitando o conceito de pagamentos por serviços ambientais, Ecol. Econ. (2014), http://dx.doi.org/10.1016/_j.ecolecon.2014.08.016.

**WWE., (2007).** Serviços ecossistémicos e pagamentos por serviços ecossistémicos: Porque é que as empresas se devem preocupar? World Wildlife Fund.

# Lista de anexos

## Apêndice 1: Questionário do inquérito

Para utilizadores a montante - prestadores de serviços

1. informações gerais sobre o entrevistado

**Categoria: Informações sobre a zona:**

1. Que tipos de serviços ecossistémicos recebe da bacia hidrográfica do Phewa? (Por favor, liste)

| Ecosystem Services | Rank | VDC Wise |
|---|---|---|
| Tourism& Landscape beauty | | |
| Sediment retention/Soil Conservation | | |
| Hydro power production | | |
| Biodiversity | | |
| Carbon sequestration | | |
| Clean water | | |
| If any............ | | |

**Categoria: Informação sobre o PES na bacia hidrográfica de Phewa**

2. Conhece o SPE e o seu significado? (Programa PES de retenção de sedimentos)

a) Jab            ) Não sei

3. Em caso afirmativo, o que é que oferecem (por ordem de prioridade)?

a) Ar fresco d       ) Sistemas de irrigação g) Turismo

b) Produção de energia hidroelétrica e) Águas subterrâneash     ) Outros

c) Controlo da erosão f) Paisagem bonita

4. Existe algum mecanismo tradicional do tipo PSE na zona? (dar exemplos)

a) Jab              ) Não sei

5. Se sim, quais são?

a) Dinheiro directob     ) Serviços de empregoc     ) Partilha de benefícios

d) Conservação das fontes de águae         ) Outras instalações

6. É necessário implementar um programa PES deste tipo na bacia hidrográfica de Phewa? (Programa PES de retenção de sedimentos)

  a) Jab              ) Não sei

**Categoria: PSA tendo em conta a conservação da natureza**

7. Que contributos (medidas de conservação) dá para a preservação de

Bacia hidrográfica de Phewaw      ?

a) Medidas de conservação do solo (bioengenharia, melhoramento de terraços,

controlo de ravinas, etc.)

b) Plantação de florestasc                    ) Programa de sensibilização

d) Culturas perenes - amriso, alaichi, chá, café, etc. e) Outros

8. se os habitantes das zonas a montante não conservam e gerem os recursos naturais, isso tem consequências para os habitantes das zonas a jusante?

   a) Sim                    ) Não) Não          sei

9. Que tipos de programas estão a ser realizados ou implementados para minimizar a sedimentação?

a)  Medidas preventivas contra a erosão do solo e tecnologia de conservação do solo

b)  Implementação de um programa de sensibilização da população

c)  Alteração das práticas de utilização das terras e exploração de técnicas agrícolas alternativas

d)  Plantação de gramíneas e espécies forrageiras

f) Outros, se aplicável

**Categoria: Regime de compensação para os SPE**

10. Recebe uma compensação pela prestação de serviços aos utilizadores a jusante?

a)Sim                          )Não

11. É remunerado pela execução destes programas?

a)Sim                   )Não c) Podemos ajudar-nos a nós próprios

12. Se não abrir uma exceção, porquê?

a)  Bons rendimentos de mim própriob ) Falta de uma política para o mecanismo de pagamento

c)  Enquanto utilizadores, devemos nós próprios conservar os recursos

d)  Outros

13. Quem é que acha que deve pagar?

a) Empresários do sector do turismo         ) Governo

c) DDCd                       ) todos devem

14. Está satisfeito com as modalidades de pagamento?

a)Sim             )Não

15. Que tipos de mecanismos são utilizados para a compensação no âmbito do atual programa PES de retenção de sedimentos?

**Categoria: Política relacionada com os SPE no Nepal**

16. Tem conhecimento das medidas que o Governo tomou relativamente aos serviços públicos de emprego?

a)Sim             )Não

**Categoria: Oportunidades e desafios em relação aos SPE**

18 Que oportunidades oferece o atual programa SPE na sua região? (Por favor, enumere)

| Opportunities | | | Rank |
| --- | --- | --- | --- |
| | Yes | No | |
| Complementing traditional watershed mgmt | | | |
| Supportive change in resource governance | | | |
| Poverty reduction | | | |
| Interest of development agencies | | | |
| Employment services generation | | | |
| Development of infrastructures | | | |
| Provision of finance | | | |
| Tourism Development | | | |
| Others................. | | | |

| Challenges | | | Rank |
| --- | --- | --- | --- |
| Time gap in the production of environmental services | Yes | No | |
| Land right | | | |
| Economic valuation | | | |
| No effective policy | | | |
| To cover all tourism entrepreneur | | | |
| High mgmt. cost | | | |
| To establish trust between tourism entrepreneur and local community | | | |
| Political pressure | | | |
| Insufficient financial resource | | | |
| To sustain institutional support | | | |
| Identification of workable model | | | |

20 Gostaria de dizer mais alguma coisa sobre este assunto?

Para os beneficiários

1. Informações gerais sobre o entrevistado

Nome do inquirido: - Sexo:          Idade:          Casta:          Data: Endereço:

Nível de escolaridade:

a) Alfabetizaçãob     )          Analfabetismoc     ) S.L.C d) Ensino superior

Ocupação: a) Hotel b) Restaurante e bar c) Barco d) Trekking e) Viagens e passeios

**Categoria: Informações e percepções sobre a zona.**

2. Que tipos de serviços ecossistémicos recebe da bacia hidrográfica do Phewa? (Por favor, enumere)

| Ecosystem Services | rank | VDC Wise |
|---|---|---|
| Tourism& Landscape beauty | | |
| Sediment retention/Soil Conservation | | |
| Hydro power production | | |
| Biodiversity | | |
| Carbon sequestration | | |
| Clean water | | |
| If any............ | | |

**Categoria: Informação sobre o PES na bacia hidrográfica de Phewa**

3. Conhece o SPE e o seu significado? (Programa PES de retenção de sedimentos)
a) Jab                              ) Não sei
4. Em caso afirmativo, o que é que recebe? (ordenados por prioridade)
a)  Ar fresco                  ) Sistemas de irrigaçãog    ) Turismo

b)  Produção de energia hidroelétrica e) Águas subterrâneash     ) Outros

c)  Controlo da erosão f) Paisagem bonita

5. Existe um mecanismo tradicional do tipo PSE na zona?
a) Jab                              ) Não sei
6. Se sim, quais são?

a) Dinheiro direto b      ) Serviços de emprego c) Troca de serviços

d) Conservação das fontes de águae                    ) Outras instalações

7. É necessário implementar um programa PES deste tipo na bacia hidrográfica de Phewa? (Programa PES de retenção de sedimentos)

a) Jab                              ) Não sei

## Categoria: PSA tendo em conta a conservação da natureza
8. Que contributo está a dar para a proteção da bacia hidrográfica de Phewa?

a)  Medidas de conservação do solo (bioengenharia, melhoramento de terraços,

controlo de ravinas, etc.)

b)  Plantação de florestas

c)  Programa de sensibilização

d)  Outros

9.1  Se os habitantes das zonas a montante não conservarem e gerirem os recursos
naturais, isso terá consequências para os habitantes das zonas a jusante?

  a) Sim                        ) Não) Não                    sei

10.  Que tipos de programas estão a ser realizados ou implementados para minimizar a
sedimentação?

a)  Medidas preventivas contra a erosão do solo e tecnologia de conservação do solo

b)  Implementação de um programa de sensibilização da população

c)  Alteração das práticas de utilização das terras e exploração de técnicas agrícolas
alternativas

d)  Plantação de gramíneas e espécies forrageiras

f) Outros, se aplicável

## Categoria: Regime de compensação para os SPE

11.  Está disposto a pagar pelos utilizadores a montante?

a)Sim                         )Não

11.1  É necessário pagar às pessoas que vivem a montante pela conservação das florestas e
outros serviços conexos?

a) Sim                        ) Não                    ) Dever do governo

13.  Em caso afirmativo, porquê e como?

w. ............... .......................... .A ............... " ......i

a) Sob a forma de dinheirob  ) Sob a forma de serviçosc     ) Outras facilidades

14.  Se não, porquê?

a) Devido aos baixos rendimentos b) O governo deveria pagar todos os rendimentos c)

Falta de política de pagamentoPagam atualmente alguma compensação aos utilizadores

a montante?

......................................................................................................................

15.  Que tipos de mecanismos são utilizados para a compensação no âmbito do atual
programa PES de retenção de sedimentos?

a) sob a forma de dinheiro b) sob a forma de instalações c) sob a forma de empregos d)

sob a forma de outros

16.  Como pode ser melhorado o atual sistema de serviços públicos de emprego?

17.

## Categoria: Política relacionada com os SPE no Nepal

18.  Tem conhecimento das medidas que o governo tomou relativamente aos serviços
públicos de emprego?

a)Sim                         )Não

**Categoria: Oportunidades e desafios dos serviços públicos de emprego**

| Opportunities | | | Rank |
|---|---|---|---|
| | Yes | No | |
| Complementing traditional watershed | | | |
| Supportive change in resource governance | | | |
| Poverty reduction | | | |
| Interest of development agencies | | | |
| Employment services generation | | | |
| Development of infrastructures | | | |
| Tourism Development | | | |
| Others.................. | | | |

20. Quais são os desafios que enfrenta como resultado do atual programa PES na sua área? (Por favor, enumere)

| Challenges | | | Rank |
|---|---|---|---|
| Time gap in the production of environmental services | Yes | No | |
| Land right | | | |
| Economic valuation | | | |
| No effective policy | | | |
| To cover all tourism entrepreneur | | | |
| High mgmt. cost | | | |
| To establish trust between tourism entrepreneur and local community | | | |
| Political pressure | | | |
| Insufficient financial resource | | | |
| To sustain institutional support | | | |

21. Do you have any more to say about the topic?

Obrigado pela sua colaboração Nome do enumerador: Assinatura:

## Apêndice 2: Lista de controlo para o debate

Lista de controlo para a consulta das partes interessadas

> História do atual mecanismo PSA

> Serviços ecosistémicos transaccionáveis em Phewa

> Mecanismo de financiamento do programa PES para a retenção de sedimentos

> Principais intervenientes e seu papel no programa de retenção de sedimentos do

PSE

> Identificação dos actores envolvidos no processo, o seu papel na conceção do mecanismo PSA e a introdução de regras

> Estrutura institucional do atual mecanismo de PSE, incluindo regras aplicáveis e leis consuetudinárias (compradores, intermediários, acordo e definição de regras para a atual modalidade de pagamento, mecanismo para coordenar diferentes CFUGs e outros grupos de gestão de recursos e outros actores ao nível da aldeia, políticas governamentais, etc.)

> Deficiências institucionais na implementação dos SPE, tais como a política governamental, a capacidade das partes interessadas, o apoio externo, etc.

Lista de controlo para entrevistar os líderes e representantes dos membros do CFUG

> Experiência na aplicação do SPE

> Sensibilização para os SPE e participação dos CFUG

> Processo de tomada de decisão no FC e mudança para a participação no PSA, com especial atenção para o papel dos actores externos.

> Problemas e desafios na implementação do programa público de ação

> Administração do trabalho

Lista de controlo para entrevistar informadores-chave, incluindo peritos

> Panorâmica da aplicação da administração pública do trabalho no Nepal (história, práticas indígenas e situação atual)

> Pagamentos por serviços nas bacias hidrográficas e os actores envolvidos na implementação

> As instituições do serviço público de emprego e a sua interação e interação com as actuais instituições do FC

> Avaliação do atual quadro político e jurídico para a implementação de PSA, com especial incidência nos serviços das bacias hidrográficas

> Problemas e desafios na implementação do SPE

# Photo plates

**Upstream and Downstream communities**

**Stakeholder Consultation**          **Household survey**

Conservation related work done by upstream communities

Índice

# I want morebooks!

Buy your books fast and straightforward online - at one of world's fastest growing online book stores! Environmentally sound due to Print-on-Demand technologies.

Buy your books online at
**www.morebooks.shop**

Compre os seus livros mais rápido e diretamente na internet, em uma das livrarias on-line com o maior crescimento no mundo! Produção que protege o meio ambiente através das tecnologias de impressão sob demanda.

Compre os seus livros on-line em
**www.morebooks.shop**

info@omniscriptum.com
www.omniscriptum.com